煤气作业安全技术

徐丙根　编著

中国石化出版社

内 容 提 要

本书共10章，介绍了煤气作业相关安全生产法律法规和标准规范以及各类煤气的基本知识，从各种煤气的生产工艺、主要设备，到安全操作、检修、事故应急预案等方面，对煤气生产、储存、输送、使用及维护检修中的危险有害因素进行了详细讲解，并结合近几年来所发生的各类煤气事故案例，对发生煤气中毒窒息、火灾、爆炸等事故的原因进行了分析并提出了预防措施，探讨了预防煤气作业事故的综合安全措施，简要介绍了突发事故时的自救与互救方法。

本书通俗易懂，图文并茂，可供以煤气为燃料的工业企业的负责人、管理人员、安技人员、基层员工培训和自学使用，也可供相关院校师生阅读。

图书在版编目(CIP)数据

煤气作业安全技术／徐丙根编著. —北京：中国
石化出版社，2015
ISBN 978 - 7 - 5114 - 3331 - 2

Ⅰ. ①煤… Ⅱ. ①徐… Ⅲ. ①煤气 - 安全技术
Ⅳ. ①TU996. 9

中国版本图书馆 CIP 数据核字(2015)第 088777 号

中国石化出版社出版发行
地址:北京市东城区安定门外大街 58 号
邮编:100011 电话:(010)84271850
读者服务部电话:(010)84289974
http://www.sinopec-press.com
E-mail:press@sinopec.com
北京柏力行彩印有限公司印刷
全国各地新华书店经销
*
710×1000 毫米 16 开本 15.25 印张 232 千字
2015 年 6 月第 1 版 2015 年 6 月第 1 次印刷
定价:48.00 元

前　言

随着市场经济和科学技术的发展,循环经济建设节约型社会已经成为时尚,诸多企业为降低成本、减少环境污染,大力开发和利用二次能源,煤气已经在现代社会生产中占有了举足轻重的地位。近年来,煤气事故接连不断,根据企业煤气防护救护和煤气安全管理工作的经验,煤气安全管理必须从强化安全设计基本思想做起,做好安全技术的研究与应用,走本质安全化道路。

从事煤气生产、储存、输送、使用、维护检修作业的人员,经常和煤气打交道,容易发生煤气中毒、火灾、爆炸等各类事故,加上企业固有风险大,具有火、爆、毒、烫等潜在危险,因此,煤气作业安全工作必须引起高度重视。

当务之急应该是加强对煤气作业环节的管理,加强对从业人员安全培训教育工作。为此,2010 年 5 月 24 日,国家安监总局颁发了《特种作业人员安全技术培训考核管理办法》(安监总局令[2011]第 30 号,以下简称办法)。本办法有 7 章 46 条,并附有新界定的特种作业目录。办法将"冶金(有色)生产安全作业"界定为特种作业,此特种作业主要指煤气作业,包括煤气生产、储存、输送、使用、维护检修的作业,此类作业人员均属特种作业人员。办法规定,特种作业人员必须经过专门的安全技术培训并考核合格,取得《中华人民共和国特种作业证》后方可上岗作业。

为了认真吸取煤气作业的事故教训,切实做好煤气作业安全管理工作,防止各类事故及其职业危害,特编撰《煤气作业安全技术》一书。

本书介绍了煤气作业相关安全生产法律法规和标准规范以及各类煤气的基本知识,从各种煤气的生产工艺、主要设备,到安全操作、检修、事故应急预案等方面,对煤气生产、储存、输送、使用及维护检修中的危险有害因素进行了详细讲解,并结合近几年来在冶金企业内所发生的各类煤气事故案例,对发生煤气中毒窒息、火灾、爆炸等事故的原因进行了分析并提出了预防措施,探讨了预防煤气作业事故的综合安全措施,简要介绍了突发事故时的自救与互救方法。

本书在编写过程中,得到了孔凡娣、徐文郁等同志的关心与帮助,在此一并表示衷心的感谢。

由于时间仓促,加之编者水平的限制,书中缺点在所难免,恳请读者批评指正,以便再版时修改。

Contents >>> **目　录**

I

第一章 绪 论

第一节 特种作业人员安全技术
培训考核管理规定

为了规范特种作业人员的安全技术培训考核工作，提高特种作业人员的安全技术水平，防止和减少伤亡事故，国家安全生产监督管理总局于2010年5月24日，以总局30号令的形式颁布了《特种作业人员安全技术培训考核管理办法》(以下简称《规定》)。《规定》共6章46条，详细规定了特种作业人员的从业条件、技术培训、考核、发证及复审等内容。

一、特种作业定义

特种作业是指容易发生人员伤亡事故，对操作者本人、他人及周围设施的安全可能造成重大危害的作业。特种作业人员是指直接从事特种作业的从业人员。

二、特种作业范围

特种作业范围共11个作业类别、51个工种。

(1)电工作业：指对电气设备进行运行、维护、安装、检修、改造、施工、调试等作业(不含电力系统进网作业)。具体工种为高压电工作业、低压电工作业和防爆电气作业。

(2)焊接与热切割作业：指运用焊接或者热切割方法对材料进行加工的作业(不含《特种设备安全监察条例》规定的有关作业)。具体工种为熔化焊接与热切割作业、压力焊作业和钎焊作业。

(3)高处作业：指专门或经常在坠落高度基准面2m及以上有可能坠落的高处进行的作业。具体工种为登高架设作业和高处安装、维护、拆除作业。

(4)制冷与空调作业：指对大中型制冷与空调设备运行操作、安装与修理的作业。具体工种为制冷与空调设备运行操作作业和制冷与空调设备安装修理作业。

(5)煤矿安全作业：包括煤矿井下电气作业、煤矿井下爆破作业、煤矿安全监测监控作业、煤矿瓦斯检查作业、煤矿安全检查作业、煤矿提升机操作作业、煤矿采煤机(掘进机)操作作业、煤矿瓦斯抽采作业、煤矿防突作业和煤矿探放水作业。

(6)金属非金属矿山安全作业：包括金属非金属矿井通风作业、尾矿作业、金属非金属矿山安全检查作业、金属非金属矿山提升机操作作业、金属非金属矿山支柱作业、金属非金属矿山排水作业和金属非金属矿山爆破作业。

(7)石油天然气安全作业：具体指的是司钻作业。

(8)冶金(有色)生产安全作业：具体指的是煤气作业。

(9)危险化学品安全作业：指从事危险化工工艺过程操作及化工自动化控制仪表安装、维修、维护的作业。包括光气及光气化工艺作业、氯碱电解工艺作业、氯化工艺作业、硝化工艺作业、合成氨工艺作业、裂解(裂化)工艺作业、氟化工艺作业、加氢工艺作业、重氮化工艺作业、氧化工艺作业、过氧化工艺作业、胺基化工艺作业、磺化工艺作业、聚合工艺作业、烷基化工艺作业及化工自动化控制仪表作业。

(10)烟花爆竹安全作业：指从事烟花爆竹生产、储存中的药物混合、造粒、筛选、装药、筑药、压药、搬运等危险工序的作业。包括烟火药制造作业、黑火药制造作业、引火线制造作业、烟花爆竹产品涉药作业及烟花爆竹储存作业。

(11)安全监管总局认定的其他作业。

三、特种作业人员的基本条件

特种作业人员应当符合下列条件：

（1）年满 18 周岁，且不超过国家法定退休年龄；

（2）经社区或者县级以上医疗机构体检健康合格，并无妨碍从事相应特种作业的器质性心脏病、癫痫病、美尼尔氏症、眩晕症、癔病、震颤麻痹症、精神病、痴呆症以及其他疾病和生理缺陷；

（3）具有初中及以上文化程度；

（4）具备必要的安全技术知识与技能；

（5）相应特种作业规定的其他条件。

四、特种作业人员培训、考核、发证的规定

作业人员必须经过专门的安全技术培训并考核合格，取得《中华人民共和国特种作业操作证》（以下简称特种作业操作证）后，方可上岗作业。

特种作业人员的安全技术培训、考核、发证、复审工作实行统一监管、分级实施、教考分离的原则。

根据《规定》，特种作业人员应当接受与其所从事的特种作业相应的安全技术理论培训和实际操作培训。已经取得职业高中、技工学校及中专以上学历的毕业生从事与其所学专业相应的特种作业，持学历证明经考核发证机关同意，可以免予相关专业的培训。跨省、自治区、直辖市从业的特种作业人员，可以在户籍所在地或者从业所在地参加培训。

特种作业人员的考核包括考试和审核两部分。考试由考核发证机关或其委托的单位负责；审核由考核发证机关负责。

参加特种作业操作资格考试的人员，应当填写考试申请表，由申请人或者申请人的用人单位持学历证明或者培训机构出具的培训证明向申请人户籍所在地或者从业所在地的考核发证机关或其委托的单位提出申请。

特种作业操作资格考试包括安全技术理论考试和实际操作考试两部分。考试不及格的，允许补考 1 次；经补考仍不及格的，重新参加相应的安全技术培训。

符合从业条件并经考试合格的特种作业人员，应当向其户籍所在地或

者从业所在地的考核发证机关申请办理特种作业操作证，并提交身份证复印件、学历证书复印件、体检证明、考试合格证明等材料。

特种作业操作证遗失的，应当向原考核发证机关提出书面申请，经原考核发证机关审查同意后，予以补发。

特种作业操作证所记载的信息发生变化或者损毁的，应当向原考核发证机关提出书面申请，经原考核发证机关审查确认后，予以更新或者更换。

五、特种作业人员的复审

特种作业操作证每三年复审一次。

特种作业人员在特种作业操作证有效期内，连续从事本工种十年以上，严格遵守有关安全生产法律法规的，经原考核发证机关或者从业所在地考核发证机关同意，特种作业操作证的复审时间可以延长至每六年一次。

特种作业操作证需要复审的，应当在期满前 60 日内，由申请人或者申请人的用人单位向原考核发证机关或者从业所在地考核发证机关提出申请，并提交下列材料：

（1）社区或者县级以上医疗机构出具的健康证明；

（2）从事特种作业的情况；

（3）安全培训考试合格记录。

特种作业操作证有效期届满需要延期换证的，应当按规定申请延期复审。

特种作业操作证申请复审或者延期复审前，特种作业人员应当参加必要的安全培训并考试合格。

安全培训时间不少于 8 个学时，主要培训法律、法规、标准、事故案例和有关新工艺、新技术、新装备等知识。

特种作业人员有下列情形之一的，复审或者延期复审不予通过：

（1）健康体检不合格的；

（2）违章操作造成严重后果或者有两次以上违章行为，并经查证确实的；

（3）有安全生产违法行为，并给予行政处罚的；

（4）拒绝、阻碍安全生产监管监察部门监督检查的；

（5）未按规定参加安全培训，或者考试不合格的；

（6）超过特种作业操作证有效期未延期复审的；

（7）特种作业人员的身体条件已不适合继续从事特种作业的；

（8）对发生生产安全事故负有责任的；

（9）特种作业操作证记载虚假信息的；

（10）以欺骗、贿赂等不正当手段取得特种作业操作证的；

（11）特种作业人员死亡的；

（12）特种作业人员提出注销申请的；

（13）特种作业操作证被依法撤销的。

离开特种作业岗位6个月以上的特种作业人员，应当重新进行实际操作考试，经确认合格后方可上岗作业。

特种作业人员违反第(9)项、第(10)项规定的，三年内不得再次申请特种作业操作证。

特种作业人员伪造、涂改特种作业操作证或者使用伪造的特种作业操作证的，给予警告，并处1000元以上5000元以下的罚款。特种作业人员转借、转让、冒用他人特种作业操作证的，给予警告，并处2000元以上10000元以下的罚款。

第二节 相关安全生产法律法规

一、相关法律、法规

我国是一个法制国家，安全生产法律法规与标准规范已逐步完善。国家十分关心从业人员的安全与健康，从业人员应该遵守相关安全生产法律法规和标准规范，遵守《中华人民共和国劳动合同法》、《中华人民共和国安全生产法》、《中华人民共和国消防法》、《中华人民共和国职业病防治法》、《国务院关于进一步加强企业安全生产工作的通知》、《国务院关于特大安全事故行政责任追究的规定》、《特别重大事故调查程序暂行规定》、《企业职工伤亡事故报告和处理规定》、《工伤保险条例》、《生产安全事报告和调查处理条例》、《特种作业人员安全技术培训考核管理办法》、《安全生产许可证条例》以及《中央企业安全生产监督管理暂行办法》等。

二、国务院各部委及行业主要规章、规定

国务院各部委及行业制定出台的与煤气作业有关的规章、规定主要有以下若干项：

《安全生产许可证条例》（国务院令〔2004〕第397号）

《生产安全事故报告和调查处理条例》（国务院令〔2007〕第493号）

《危险化学品安全管理条例》（国务院令〔2011〕第591号）

《安全生产监管监察职责和行政执法责任追究的暂行规定》（安监总局令〔2009〕第24号）

《安全生产事故隐患排查治理暂行规定》（安监总局令〔2007〕第16号）

《安全生产违法行为行政处罚办法》（安监总局令〔2007〕第15号）

《非煤矿矿山企业安全生产许可证实施办法》（安监总局令〔2009〕第20号）

《关于特种作业人员安全技术培训考核的意见》（安监管人字〔2002〕124号）

《劳动防护用品监督管理规定》（安监总局令〔2005〕第1号）

《生产安全事故报告和调查处理条例》罚款处罚暂行规定（安监总局令〔2007〕第13号）

《生产安全事故信息报告和处置办法》（安监总局令〔2009〕第21号）

《生产安全事故应急预案管理办法》（安监总局令〔2009〕第17号）

《生产经营单位安全培训规定》（安监总局令〔2005〕第3号）

《特种作业人员安全技术培训考核管理规定》（安监总局令〔2010〕第30号）

《危险化学品建设项目安全许可实施办法》（安监总局令〔2006〕第8号）

《冶金企业安全生产监督管理规定》（安监总局令〔2009〕第26号）

《作业场所职业健康监督管理暂行规定》（安监总局令〔2009〕第23号）

《作业场所职业危害申报管理办法》（安监总局令〔2009〕第27号）

《压力管道安装安全质量检验规则》（国质检锅〔2000〕83号）

《特种设备质量监管与安全监察规程》(质技监局令〔2002〕第 13 号)

《压力容器安全技术监察规程》(质技监局令〔1999〕154 号 2009 年版)

《危险化学品建设项目安全设施目录》(安监总危化〔2007〕225 号)

《国家安全监管总局办公厅关于开展冶金企业煤气安全管理互检工作的通知》(安监总厅管四〔2011〕126 号)

《国家安全监管总局关于印发进一步加强冶金企业煤气安全技术管理有关规定的通知》(安监总管四〔2010〕125 号)

《国家安全监管总局关于印发冶金企业(炼铁炼钢煤气)安全生产标准化评定标准的通知》(安监总管四〔2011〕110 号)

三、标准及规范

在我国已制定的与煤气使用生产有关的国家及行业标准主要有以下几个:

TSG R0004—2009《固定式压力容器安全技术监察规程》

DGJ 08 – 10—2004《城市煤气、天然气管道工程技术规程(附条文说明)》

GB 15322.4—2003《可燃气体探测器 第 4 部分：测量人工煤气的点型可燃气体探测器》

GB 15322.5—2003《可燃气体探测器 第 5 部分：测量人工煤气的独立式可燃气体探测器》

GB 15322.6—2003《可燃气体探测器 第 6 部分：测量人工煤气的便携式可燃气体探测器》

GB/T 17222—1998《煤制气厂卫生防护距离标准》

GB/T 24563—2009《煤气发生炉节能监测》

GB/T 26137—2010《高炉煤气能量回收透平膨胀机热力性能试验》

GB/T 28246—2012《高炉煤气能量回收透平膨胀机》

GB 50505—2009《高炉煤气干法袋式除尘设计规范》

GB 6222—2005《工业企业煤气安全规程》

JB/T 6409—2008《煤气用湿式电除尘器》

JB/T 7327—2007《常压固定床煤气发生炉》

JC/T 743—1984(1996)《石棉水泥输水输煤气管道铺设指南》

JJG 577—2005《膜式煤气表检定规程》

LD/T 105—1998《工业企业煤气作业人员安全技术考核标准》

MT 107.10—1985《固定床煤气发生炉用鹤岗煤质量标准》

SHS 05024—2004《煤气发生炉系统维护检修规程》

SJ/T 31408—1994《常压净化煤气塔类设备完好要求和检查评定方法》

SJ/T 31410—1994《低压湿式煤气储气柜完好要求和检查评定方法》

SJ/T 31446—1994《煤气管道完好要求和检查评定方法》

YB/T 4234.1—2010《高炉煤气放散阀 第 1 部分：液压驱动弹簧仓式炉顶煤气放散阀》

YB/T 4234.2—2010《高炉煤气放散阀 第 2 部分：料罐均压、放散阀》

YB/T 4235—2010《煤气盲板隔断阀》

第三节　从业人员的主要权利与义务

一、从业人员的权利

（一）事故工伤保险和伤亡求偿权

从业人员享有工伤保险和获得伤亡赔偿的权利，生产经营单位与从业人员订立的劳动合同，应当载明有关保障从业人员劳动安全、防止职业危害以及依法为从业人员办理工伤社会保险的事项。生产经营单位不得以任何形式与从业人员订立协议，免除或者减轻其对从业人员因生产安全事故伤亡依法应当承担的责任。因生产安全事故受到损害的人员，除依法享有工伤社会保险外，依照有关民事法律尚有获得赔偿权利的，有权向本单位提出赔偿要求。生产经营单位必须依法参加工伤社会保险，为从业人员缴纳保险费。

根据民事法律责任中侵权的民事责任的规定，对从业人员造成损害的，生产经营单位应当承担赔偿责任。赔偿责任，是指行为人因其行为导致他人财产或人身受到损害时，行为人以自己的财产补偿受害人损失的责任。其主要作用是补偿受害人的经济损失。工伤社会保险和民事赔偿不能互相取代，从业人员可以享受双重的保障。

（二）危险因素和应急措施的知情权

生产经营单位从业人员有权了解其作业场所和工作岗位存在的危险因素及事故应急措施。生产经营单位有义务事前告知有关危险因素和事故应急措施。否则，生产经营单位就侵犯了从业人员的权利，并对由此产生的后果承担相应的法律责任。

作业场所是从业人员进行生产劳动的区域，包括作业接触空间、作业活动空间、安全防护空间。从业人员有权了解作业场所和工作岗位存在的危险因素，如易燃易爆、有毒有害、辐射性物质等危险物品及其可能对人体造成的伤害，以及机械设备运转时存在的危险因素等。各种危险因素的防范措施是指为了防止、避免危险因素对从业人员人身安全造成危害而应当采取的技术上、操作上的措施。事故应急措施是指生产经营单位根据本单位实际情况，针对可能发生的事故的类别、性质、特点和范围制定的事故发生时应当采取的组织、技术措施和其他应急措施。从业人员了解这些防范措施和应急措施，可以有效预防事故的发生，实现自我保护。

（三）安全管理的批评检控权

从业人员有权对本单位的安全生产工作提出建议；有权对本单位安全生产工作中存在的问题提出批评、检举、控告。

从业人员是生产经营活动的直接承担者，也是生产经营活动中各种危险的直接面对者。生产经营单位主要负责人应当为从业人员充分行使权利提供机会，创造条件。要重视和尊重从业人员的意见和建议，并对他们的建议做出答复。

（四）拒绝违章指挥和强令冒险作业权

从业人员有权对本单位安全生产工作中存在的问题提出批评、检举、控告，有权拒绝违章指挥和强令冒险作业。

从业人员对本单位安全生产工作中存在的问题提出批评，有利于从业人员对生产经营单位的安全生产工作进行监督。同时，从业人员还有权向负有安全生产监督管理职责的部门、监察机关、有关地方人民政府等进行检举、控告，也有利于有关部门及时了解、掌握生产经营单位安全生产工作中存在的问题，采取措施，制止和查处生产经营单位违反安全生产法律、法规的行为，保障安全生产，防止生产安全事故的发生。

生产经营单位违章指挥、强令冒险作业，违背了"安全第一，预防为主，综合治理"的方针，侵犯了从业人员的合法权益，是严重的违法行为，也是直接导致生产安全事故的重要原因。为此，从业人员有权拒绝违章指挥和强令冒险作业，保护自身的人身安全。

生产经营单位不得因从业人员对本单位的安全生产工作存在的问题提出批评、检举、控告或者拒绝违章指挥和强令冒险作业，而降低从业人员的工资和福利补贴，也不能降低其他待遇，如停止为从业人员办理工伤社会保险等，更不能因此解除劳动合同。否则，依法追究生产经营单位的责任。

（五）紧急情况下的停止作业和紧急撤离权

从业人员发现直接危及人身安全的紧急情况时，有权停止作业或者在采取可能的应急措施后撤离作业场所。生产经营单位不得因从业人员在紧急情况下停止作业或者采取紧急撤离措施而降低其工资、福利等待遇或者解除与其订立的劳动合同。

从业人员在行使这项权利的时候，必须明确四点：一是危及从业人员人身安全的紧急情况必须有确实可靠的直接根据，凭借个人猜测或者误判而实际并不属于危及人身安全的紧急情况除外，该项权利也不能滥用。二是紧急情况必须直接危及人身安全，间接危及人身安全的情况不应撤离，而应采取有效处理措施。三是出现危及人身安全的紧急情况时，首先是停止作业，然后要采取可能的应急措施；采取应急措施无效时，再撤离作业场所。四是该项权利不适用于某些从事特殊职业的从业人员，比如飞行人员、船舶驾驶人员、车辆驾驶人员等，根据有关法律、国际公约和职业惯例，在发生危及人身安全的紧急情况下，他们不能或者不能先行撤离从业场所或者岗位。

（六）从业人员所在单位的工会组织的权利

从业人员所在单位的工会组织有权对建设项目的安全设施与主体工程

同时设计、同时施工、同时投入生产和使用进行监督，提出意见。

工会对生产经营单位违反安全生产法律、法规，侵犯从业人员合法权益的行为，有权要求纠正；发现生产经营单位违章指挥、强令冒险作业或者发现事故隐患时，有权提出解决的建议，生产经营单位应当及时研究答复；发现危及从业人员生命安全的情况时，有权向生产经营单位建议组织从业人员撤离危险场所，生产经营单位必须立即作出处理。

工会有权依法参加事故调查，向有关部门提出处理意见，并要求追究有关人员的责任。

二、从业人员的义务

(一)遵章守规，服从管理的义务

从业人员必须严格依照生产经营单位制定的规章制度和操作规程进行生产经营作业。安全生产规章制度和操作规程是从业人员从事生产经营，确保安全的具体规范和依据。生产经营单位的负责人和管理人员有权依照规章制度和操作规程进行安全管理，监督检查从业人员遵章守规的情况。从业人员必须接受并服从管理。

(二)佩带和使用劳保用品的义务

劳动保护用品是保护从业人员在劳动过程中的安全与健康的一种防御性装备，是生产经营单位为保护从业人员在生产劳动过程中的安全和健康而提供给从业人员个人使用的保护用品。不同的劳动防护用品有其特定的佩戴和使用规则、方法，只有正确佩戴和使用，方能真正起到防护作用。

正确佩戴和使用劳动防护用品是从业人员必须履行的法定义务，也是保障从业人员人身安全的必要条件。

(三)接受培训，掌握安全生产技能的义务

从业人员的安全生产意识和安全技能的高低，直接关系到生产经营活动的安全可靠性。

要保障安全生产，生产经营单位必须对从业人员进行相应的安全生产教育和培训。

从业人员应当接受安全生产教育和培训，掌握本职工作所需的安全生

产知识，提高安全生产技能，增强事故预防和应急处理能力，进而有效预防安全事故的发生。

（四）发现事故隐患及时报告的义务

从业人员直接承担具体的作业活动，更容易发现事故隐患或者其他不安全因素。从业人员一旦发现事故隐患或者其他不安全因素，应当立即向现场安全管理人员或者本单位负责人报告，不得隐瞒不报或者拖延报告。从业人员及时报告，生产经营单位能够及时采取必要的安全防范措施，消除事故隐患和不安全因素，从而避免事故发生和降低事故损失。

生产经营单位使用被派遣劳动者的，被派遣劳动者享有本法规定的从业人员的权利，并应当履行本法规定的从业人员的义务。

第二章 煤气常识

第一节　煤气分类及其主要成分

煤气是由多种可燃成分组成的一种气体燃料。煤气的种类繁多，成分也很复杂，一般可分为天然煤气和人工煤气两种。按主要成分分类，煤气可分为发生炉煤气、空气煤气、混合煤气和水煤气等。

一、发生炉煤气

发生炉煤气是人工煤气的一种。是用固体含碳燃料作原料，在专门设备发生炉内获得的一种煤气。用于制造发生炉煤气的气化剂为空气、水蒸气。

按使用气化剂的不同，可制得不同组分和性质的发生炉煤气，通常分为 4 类：

空气煤气——以空气(实际是空气中的氧气)作气化剂；

混合煤气——以空气和水蒸气的混合物作气化剂；

水煤气——以水蒸气作气化剂；

富氧煤气——以空气、水蒸气和氧气(外加的纯氧)混合物作气化剂。

二、空气煤气

空气煤气由于固体燃料仅与氧反应，气体中可燃成分主要为一氧化碳，故其热值低，一般仅 $800 \sim 900 kcal/m^3$，甚至更低，故在工业上使用极少，一般是高炉生产中的副产物。

三、混合煤气

混合煤气综合了空气煤气和水煤气的特点，以水蒸气和空气的混合物鼓入发生炉中，制得比空气煤气热值高，比水煤气热值低的混合发生炉煤气，一般在生产中简称混合煤气。这种煤气的热值因使用燃料性质的不同波动在 5016～6270kJ/m³ 之间。目前被广泛用作各种工业炉的加热燃料。由于采用蒸汽、空气混合物作气化剂，蒸汽能降低燃烧层（火层）的温度而防止结渣，维持连续生产，热效率高达 70%以上。

这些煤气的发热值较低，故又统称为低热值煤气。煤气中的一氧化碳和氢气是重要的化工原料，可用于合成氨、合成甲醇等。为此，将用作化工原料的煤气称为合成气，它也可用天然气、轻质油和重质油制得。煤气是由含碳物质不完全燃烧时发生的气体，主要成分是一氧化碳，无色无臭，有毒，被人和动物吸入后与血液中的血红蛋白结合（比氧与血红蛋白的结合能力强，造成一定程度的缺氧）能引起中毒，也叫煤毒。

混合煤气目前被广泛用作各种工业炉的加热燃料。此外，尚有用蒸汽和空气一起吹风所得的"半水煤气"。可作为燃料，或用作合成氨、合成石油、有机合成、氢气制造等的原料。天然气是一种重要的能源，广泛用作城市煤气和工业燃料。天然气也是重要的化工原料。

四、水煤气

水蒸气通过炽热的焦炭而生成的气体，主要成分是 CO、H_2，燃烧后排放 H_2O 和 CO_2，有微量 CO、HC 和 NO_x。燃烧速度是汽油的 7.5 倍，抗爆性好，据国外研究和专利的报导，压缩比可达 12.5。热效率提高 20%～40%，功率提高 15%，燃耗降低 30%，尾气净化近欧Ⅳ标准（这些指标还应验证，但效果是肯定的），还可用微量的铂催化剂净化。比醇、醚简化制造和减少设备，成本和投资更低。压缩或液化与氢气相近，但不用脱除 CO，建站投资较低。还可用减少的成本和投资部分补偿压缩（制醇醚也要压缩）或液化的投资和成本。有毒，工业上用作燃料，又是化工原料。

将水蒸气通过炽热的煤层可制得较洁净的水煤气（主要成分是 CO 和 H_2），现象为火焰腾起更高，而且变为淡蓝色（H_2 和 CO 燃烧的颜色）。其反应化学方程式如下：

$$C + H_2O \xrightarrow{\text{（高温）}} CO + H_2 \qquad (2-1)$$

这就是湿煤比干煤燃烧更旺的原因。

煤气厂常在家用水煤气中特意掺入少量难闻气味的气体（一般 CO 和 H_2 为无色无味气体），目的是为了当煤气泄漏时能闻到并及时发现。甲烷和水也可制造水煤气，其化学方程式为：

$$CH_4 + H_2O \longrightarrow CO + 3H_2 \qquad (2-2)$$

环保型水煤气是发生炉气体燃料的一种。主要成分是氢和一氧化碳。由水蒸气和赤热的无烟煤或焦炭作用而得。工业上大多用水蒸气和空气轮流吹风的间歇法，或用水蒸气和氧一起吹风的连续法。热值约为 $10500kJ/m^3$。此外，尚有用水蒸气和空气一起吹风所得的"半水煤气"。可作为燃料，或用作合成氨、合成石油、有机合成、氢气制造等的原料。

第二节　煤气基本知识

按生产方式分类，煤气可分为焦炉煤气、高炉煤气和转炉煤气三种。

一、煤气来源及其危险有害性

（一）煤气的来源

煤气一般是冶金生产的副产品和重要能源，生产和使用量大。主要有焦炉煤气、高炉煤气、转炉煤气。炼焦炭时产生的煤气叫焦炉煤气；将焦炭作为还原剂送到高炉去炼铁，把铁矿石中的铁还原出来，焦炭就生成了煤气，这就是高炉煤气；还原过程中有多的炭浸入，铁含炭高，需要脱炭，脱炭即为炼钢，脱炭产生的煤气叫做转炉煤气。炼焦、炼铁、炼钢过程中煤气的发生量很大：

焦炉煤气：$500 \sim 600 m^3/t$；

高炉煤气：$1000 \sim 1400 m^3/t$；

回收转炉煤气：$50 \sim 100 m^3/t$。

(二)煤气的危险有害性

近几年,煤气事故频发。2004年9月23日河北省邯郸市新兴铸管有限责任公司发生煤气爆炸事故,13人死亡。2004年12月16日20:50,巴州和静县新疆金特钢铁股份有限公司员工在作业时发生煤气管道煤气泄漏事故,26人中毒,其中1人死亡,4人重度中毒,21人轻度中毒。2008年12月24日,河北唐山遵化市港陆钢铁有限公司2号高炉重力除尘器顶部泄爆板爆裂致使煤气泄漏,造成44人中毒,其中17人死亡,27人受伤。因此,加强煤气方面的安全生产工作是一项十分迫切的工作。

煤气是混合物,由于成分不一样,煤气体现的危险性也不一样。从安全的角度,最需要注意的是一氧化碳、氢气、甲烷3种成分,他们既是危险成分,也是有用成分,具有较高的热值。体现在煤气的毒性上,实际主要是CO,煤气中毒,主要是CO中毒。煤气中的H_2和CH_4具有爆炸性,爆炸极限越低,煤气爆炸性越强。详细见表2-1。

表2-1 煤气成分与爆炸极限

煤气种类	CO	H_2	CH_4	爆炸范围
焦炉煤气	6~9	58~60	22~25	4.5~35.8
高炉煤气	26~29	2.0~3.0	0.1~0.4	35.0~72.0
转炉煤气	63~66	2.0~3.0	12.5~74.0
铁合金炉煤气	60~63	13~15	0.5~0.8	7.8~75.07
发生炉煤气	27~31	7~10	16~18	21.5~67.5

焦炉煤气中CO含量比较低,毒性最小,但爆炸性下限最低,爆炸性很强;转炉煤气CO最高,含量占60%~70%,毒性相当厉害;高炉煤气既有毒性,又有爆炸性,但有所区别。

所有的煤气都具有毒性和火灾爆炸危险性。

焦炉煤气容易爆炸(毒性相对较低):焦炉煤气爆炸下限5.5%左右,接近甲烷、氢气。

转炉煤气极具毒性:转炉煤气、铁合金煤气的CO含量在60%~70%。有转炉煤气通过烟囱放散,空中经过的小鸟就会中毒掉下来的案例。

高炉煤气压力高，温度高：高炉煤气出炉压力可达 0.35 ~ 0.4MPa（大型高炉出炉压力可达 4kg，如宝钢，基本都是高压操作，为了强化冶炼，提高产量），炉顶煤气温度可达 300℃。由于高炉有这个特点，生产中要回收高炉压力，就出现了 TRT（高炉余压发电）。

二、煤气基本知识

（一）焦炉煤气

焦炉煤气又称焦炉气，是指用几种烟煤配制成炼焦用煤，在炼焦炉中经过高温干馏后，在产出焦炭和焦油产品的同时所产生的一种可燃性气体，是炼焦工业的副产品。焦炉煤气回收装置见图 2－1。焦炉气是混合物，其产率和组成因炼焦用煤质量和焦化过程条件不同而有所差别，一般每吨干煤可生产焦炉气 300 ~ 350m³（标准状态）。其主要成分为 H_2（55% ~ 60%）和 CH_4（23% ~ 27%），另外还含有少量的 CO（5% ~ 8%）、C_2 以上不饱和烃（2% ~ 4%）、CO_2（1.5% ~ 3%）、O_2（0.3% ~ 0.8%）、N_2（3% ~ 7%）。其中 H_2、CH_4、CO 和 C_2 以上不饱和烃为可燃组分，CO_2、N_2、O_2 为不可燃组分。

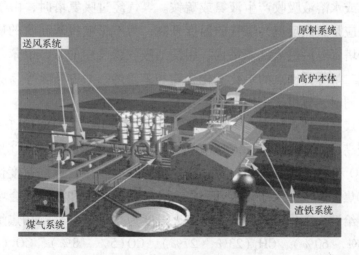

图 2－1 焦炉煤气回收工艺

焦炉气属于中热值气，其热值为每标准立方米 17 ~ 19MJ，适合用做高温工业炉的燃料和城市煤气。焦炉气含氢气量高，分离后用于合成氨，其

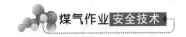

他成分如甲烷和乙烯可用做有机合成原料。

焦炉气为有毒和易爆性气体，空气中的爆炸极限为 6% ~ 30%。

焦炉煤气主要由 H_2 和 CH_4 构成，分别占 56% 和 27%，并有少量 CO、CO_2、N_2、O_2 和其他烃类；其低发热值为 18250kJ/m³，密度为 0.4 ~ 0.5kg/m³，运动黏度为 $25 × 10^{-6} m^2/s$。根据焦炉本体和鼓冷系统流程图，从焦炉出来的荒煤气进入之前，已被大量冷凝成液体，同时，煤气中夹带的煤尘，焦粉也被捕集下来，煤气中的水溶性的成分也溶入氨水中。焦油、氨水以及粉尘和焦油渣一起流入机械化焦油氨水分离池。分离后氨水循环使用，焦油送去集中加工，焦油渣可回配到煤料中炼焦煤气进入初冷器被直接冷却或间接冷却至常温，此时，残留在煤气中的水分和焦油被进一步除去。出初冷器后的煤气经机械捕焦油使悬浮在煤气中的焦油雾通过机械的方法除去，然后进入鼓风机被升压至 $19600Pa(2000mmH_2O)$ 左右。为了不影响后续煤气精制的操作，例如硫铵带色、脱硫液老化等，使煤气通过电捕焦油器除去残余的焦油雾。为了防止萘在温度低时从煤气中结晶析出，煤气进入脱硫塔前设洗萘塔用于洗油吸收萘。在脱硫塔内用脱硫剂吸收煤气中的硫化氢，与此同时，煤气中的氰化氢也被吸收了。煤气中的氨则在吸氨塔内被水或水溶液吸收产生液氨或硫铵。煤气经过吸氨塔时，由于硫酸吸收氨的反应是放热反应，煤气的温度升高，为不影响粗苯回收的操作，煤气经终冷塔降温后进入洗苯塔内，用洗油吸收煤气中的苯、甲苯、二甲苯以及环戊二烯等低沸点的炭化氢化合物和苯乙烯、萘古马隆等高沸点的物质，与此同时，有机硫化物也被除去了。

焦炉煤气的特点如下：①焦炉煤气发热值高（16720 ~ 18810kJ/m³），可燃成分较高（约 90% 左右）；②焦炉煤气是无色有臭味的气体；③焦炉煤气因含有 CO 和少量的 H_2S 而有毒；④焦炉煤气含氢多，燃烧速度快，火焰较短；⑤焦炉煤气如果净化不好，将含有较多的焦油和萘，就会堵塞管道和管件，给调火工作带来困难；⑥着火温度为 600 ~ 650℃；⑦焦炉煤气含有 H_2（55% ~ 60%）、CH_4（23% ~ 27%）、CO（5% ~ 8%）、CO_2（1.5% ~ 3.0%）、N_2（3% ~ 7%）、O_2（< 0.5%），密度为 0.45 ~ 0.50kg/m³。

（二）高炉煤气

高压鼓风机（罗茨风机，图 2-2）鼓风，并且通过热风炉加热后进入了高炉,这种热风和焦炭助燃,产生的是二氧化碳和一氧化碳,二氧化碳又和炙热的焦炭产生一氧化碳,一氧化碳在上升的过程中,还原了铁矿石中的铁元素,使之成为生铁,这就是炼铁的化学过程。铁水在炉底暂时存留,定时放出用于直接炼钢或铸锭。这时候在高炉的炉气中,还有大量的过剩的一氧化碳,这种混和气体,就是"高炉煤气"。

这种一氧化碳的气体,是一种低热值的气体燃料,可以用于企业的自用燃气,如加热热轧的钢锭、预热钢水包等。也可以供给民用,如果能够加入焦炉煤气,就叫做"混和煤气",这样就提高了热值。

高炉煤气为炼铁过程中产生的副产品,主要成分为 CO、CO_2、N_2、H_2、CH_4 等,其中可燃成分 CO 含量约占 25% 左右,H_2、CH_4 的含量很少,CO_2、N_2 的含量分别占 15%、55%,热值仅为 $3500kJ/m^3$ 左右。高炉煤气回收装置如图 2-3 所示。

图 2-2 罗茨风机

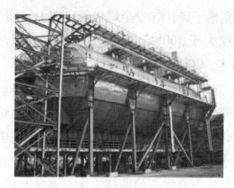

图 2-3 高炉煤气回收装置

高炉煤气的成分和热值与高炉所用的燃料、所炼生铁的品种及冶炼工艺有关。现代的炼铁生产普遍采用大容积、高风温、高冶炼强度、高喷煤粉量的生产工艺,采用这些先进的生产工艺可以提高劳动生产率并降低能耗,但所产的高炉煤气热值更低,增加了利用难度。高炉煤气中的 CO_2、N_2 既不参与燃烧产生热量,也不能助燃,相反,还吸收了大量在燃烧过程中产生的热量,导致高炉煤气的理论燃烧温度偏低。高炉煤气的着火点并不高,似乎不存在着火的障碍,但在实际燃烧过程中,受各种因素的影响,混合气体的温度必须远大于着火点,才能确保燃烧的稳定性。高炉煤气的理论燃烧温度低，参与燃烧的高炉煤气的量很大，导致混合气体的升温速度很慢，温度不高，燃烧稳定性不好。

燃烧反应能够发生的另一条件是气体分子间能够发生有效碰撞，即拥有足够能量并相互之间能够发生氧化反应的分子间发生的碰撞，大量的 CO_2、N_2 的存在，减少了分子间发生有效碰撞的几率，宏观上表现为燃烧速度慢，燃烧不稳定。

高炉煤气中存在大量的 CO_2、N_2，燃烧过程中基本不参与化学反应，几乎等量转移到燃烧产生的烟气中，所以燃高炉煤气产生的烟气量远多于燃煤。

高炉煤气特性如下：①高炉煤气中不燃成分多，可燃成分较少（约 30% 左右），发热值低，一般为 $3344 \sim 4180kJ/m^3$；②高炉煤气是无色无味的气体，因 CO 含量很高，所以毒性极大；③燃烧速度慢，火焰较长，焦饼上下温差较小；④用高炉煤气加热焦炉时，煤气中含尘量大，容易堵塞蓄垫室格子砖；⑤安全规格规定在 $1m^3$ 空气 CO 含量不能超过 30mg；⑥着火温度大于 700℃；⑦高炉煤气含有 H_2（1.5% ~ 3.0%）、CH_4（0.2% ~ 0.5%）、CO（25% ~ 30%）、CO_2（9% ~ 12%）、N_2（55% ~ 60%）、O_2（0.2% ~ 0.4%）、密度为 $1.29 \sim 1.30kg/m^3$。

同体积的高炉煤气的发热量较焦炉煤气低得多，一般为 $3300 \sim 4200kJ/m^3$。热值低的高炉煤气是不容易燃烧的，为了提高燃烧的热效应，除了空气需要预热外，高炉煤气也必须预热。因此使用高炉煤气加热时，燃烧系统上升气流的蓄热室中，有一半用来预热空气，另一半用来预热煤气。煤气与空气一样，经过斜道进入燃烧室火道进行燃烧。

用高炉煤气加热时，耗热量高（一般比焦炉煤气高 15% 左右），产生的废气多，且密度大，因而阻力也较大。而上升气流虽然供入的空气量较少，但由于上升气流仅一半蓄热室通过空气，因此上升气流空气系统和阻力仍比焦炉煤气加热时要大。

高炉煤气中的惰性气体约占 60% 以上。因而火焰较长，焦饼上下加热的均匀性较好。

由于通过蓄热室预热的气体量多，因此蓄热室、小烟道和分烟道的废气温度都较低。小烟道废气出口温度一般比使用焦炉煤气加热时低

$40 \sim 60℃$。

高炉煤气中 CO 的含量一般为 25% ~ 30%，为了防止空气中 CO 含量超标，必须保持煤气设备严密。高炉煤气设备在安装时应严格按规定达到试压标准，如果闲置较长时间，重新使用前必须再次进行打压试漏，确认管道、设备严密后才能改用高炉煤气加热。日常操作中，还应对交换旋塞定期清洗加油，对水封也应定期检查，保持满流状态，蓄热室封墙，小烟道与联接管处的检查和严密工作应经常进行。

高炉煤气进入交换开闭器后即处于负压状态。一旦发现该处出现正压，应立即查明原因并组织人力及时处理，确保高炉煤气进入交换开闭器后处于负压状态。

焦炉所用的高炉煤气含尘量要求最大不超过 $15mg/m^3$。近年来由于高压炉顶和洗涤工艺的改善，高炉煤气含尘量可降到 $5mg/m^3$ 以下，但长期使用高炉煤气后，煤气中的灰尘也会在煤气通道中沉积下来，使阻力增加，影响加热的正常调节，因而需要采取清扫措施。

另外，高炉煤气是经过水洗涤的，它含有饱和水蒸气。煤气温度越高，水分就越多，会使煤气的热值降低。从计算可知，煤气温度由 20℃ 升高到 40℃ 时，要保持所供热量不变，煤气的表流量约增加 12%。因此要求高炉煤气的温度不应超过 35℃。当煤气温度发生一定变化时，交换机工应立即调整加热煤气的表流量，以保证供给焦炉的总热量的稳定。

（三）转炉煤气

转炉煤气是在转炉炼钢过程中，铁水中的碳在高温下和吹入的氧生成一氧化碳和少量二氧化碳的混合气体。回收的顶吹氧转炉炉气含一氧化碳 60% ~ 80%，二氧化碳 15% ~ 20%，以及氮、氢和微量氧。转炉煤气的发生量在一个冶炼过程中并不均衡，成分也有变化如图 2-4 所示。通常将转炉多次冶炼过程回收的煤气输入一个储气柜，混匀后再输送给用户。

转炉煤气由炉口喷出时，温度高达 1450 ~ 1500℃，并夹带大量氧化铁粉尘，需经降温、除尘后，方能使用。净化有湿法和干法两种类型：①湿法净化系统典型流程是：煤气出转炉后，经汽化冷却器降温至 800 ~ 1000℃，然后顺序经过一级文氏管、第一弯头脱水器、二级文氏管、第二弯头脱水器，在文氏管喉口处喷洒洗涤水，将煤气温度降至35℃左右，并将煤气中含尘量降至约100mg/m³。然后用抽风机将净化的气体送入储气柜。湿法工艺在世界上比较普遍，每吨钢可回收煤气60~80m³，平均热值约为2000~2200kcal/m³。②美国和德国等国有些工厂采用干式电除尘净化系统。煤气经冷却烟道温度降至1000℃，然后用蒸发冷却塔，再降至200℃，经干式电除尘器除尘，将含尘量低于50mg/m³的净煤气，经抽风机送入储气柜。干式系统比湿式系统投资约高12%~15%；但无需建设污水处理设施，动力消耗低，但必须采取适当措施，防止煤气和空气混合形成爆炸性气体。

图2-4 转炉煤气回收装置

转炉煤气是钢铁企业内部中等热值的气体燃料。可以单独作为工业窑炉的燃料使用，也可和焦炉煤气、高炉煤气、发生炉煤气配合成各种不同热值的混合煤气使用。转炉煤气含有大量一氧化碳，毒性很大，在储存、运输、使用过程中必须严防泄漏。

第三章 煤气作业安全技术

第一节　高炉煤气作业安全技术

一、高炉炉窑本体安全

高炉煤气是焦炭和铁矿石在炉内起化学反应产生的。焦炭主要是还原剂，焦炭和铁矿石从炉顶逐步往下走，焦炭走到风口与被补进去的热风一起燃烧，生成 CO_2，CO_2 再往上走碰到落下来的焦炭生成 CO，CO 碰到铁矿石，将 Fe_2O_3 逐步变成 Fe_3O_4、FeO，即铁水。

CO 不断生产，并聚集在炉的顶部，通过炉子的上升管把煤气引出，这就是炼钢的副主品。高炉涉及到的安全问题是炉内煤气不能随便跑出来。煤气可以从几个地方跑出来，一是炉顶装料的地方。目前采取的是分段下料，分步隔离（串罐或并罐料罐装料），堵住煤气，让料能下来，堵不好就会冒煤气如图3-1所示。

高炉炉窑本体安全注意事项如下：

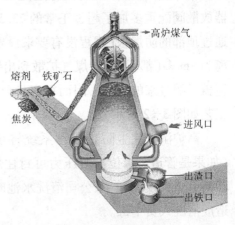

图3-1　高炉炉窑

（1）高炉风口、铁口、渣口套接不严冒煤气（供风给炉内，进风口也易冒煤气；铁口、渣口不出铁、不出钢时应堵住。所以要从监管上关心这些地方的煤气浓度，看是否超标）；

（2）高炉炉顶装料系统不严冒煤气（炉顶装料系统采取氮气密封，保持高于炉内0.05MPa压力，大小钟拉杆、料罐的齿轮箱等处需注意）；

（3）高炉冷却系统进出炉壁不严冒煤气（要有明确的警示标志，一般人不能去，安监检查也不能上去）；

（4）高炉风口以上各层平台煤气危险区（要有明确的警示标志，一般人不能去，安监检查也不能上去）；

（5）还要控制炉内压力。炉顶有一个放散装置，叫泄压，泄压不好，会导致事故。检查时要到中控室检查氮气的密封压力、齿轮箱的密封情况、冷却水进出水温度是不是正常，有没有限制、报警等等。

二、高炉煤气净化回收工艺

煤气必须要净化，它从炉内出来时的含尘量有10g左右，到用户那里只有10mg左右，必须要把尘去掉。目前除尘有两大类方法：一类是湿法，一类是干法。不管是湿法还是干法，都要先经过重力除尘器把大颗粒尘除掉。港陆事故情况：炉顶放散正常情况下，炉顶压力是0.6kg左右，事故时是1.2kg，而放散阀的配重超过设计20%，放散阀没有动作，重力除尘器放散阀配重多加了超过正常的73.5kg，超设计20%，也没有动作，压力通过顶部的防爆板（规程没有要求设置）泄漏，除尘器离厂房高度和直线距离为9m多（都不够），煤气扩散到出铁厂。出铁厂正出铁，有烟雾、水气，掩盖了飘过来的煤气，因而很容易导致现场人员中毒。高炉煤气净化回收工艺如图3-2所示。

高炉湿法除尘防止排污系统冒煤气，循环水系统带煤气，净化水池（如果是管道，水位高时压力可封住煤气，当清洗水池时人员就会中毒）。2006年6月11日，某公司清洗水池时就发生了此类事故，地沟串入煤气，造成清洗人员中毒。

高炉干法除尘防止出灰系统冒煤气、电除尘控制煤气含氧量不超过1%。防尘要密封，最好调湿。不要放干灰。在重力除尘器处放干灰，往往是先出煤气再关掉，非常危险，这种违章行为较普遍。

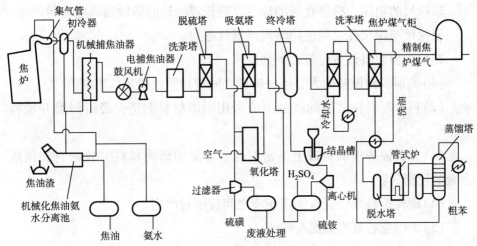

图 3-2 高炉煤气回收示意

三、高炉煤气的回收与净化安全技术

(一)厂址与厂房布置安全要求

新建高炉应布置在居民区常年最小频率风向的上风侧,且厂区边缘距居民区边缘的距离应不小于 1000m。

新建高炉的除尘器应位于距高炉铁口、渣口 10m 以外的地方。旧有设备不符合上述规定的,应在改建或技改时予以解决。

新建高炉煤气区附近应避免设置常有人工作的地沟,如必须设置,应使沟内空气流通,防止积存煤气。

厂区办公室、生活室宜设置在厂区常年最小频率风向的下风侧,离高炉 100m 以外的地点。炉前休息室、浴室、更衣室可不受此限。

厂区内的操作室、仪器仪表室应设在厂区夏季最小频率风向的下风侧,不应设在经常可能泄漏煤气的设备附近。

新建的高炉煤气净化设备应布置在宽敞的地区,保证设备间有良好的通风。各单独设备(洗涤塔、除尘器等)间的净距不应少于 2m,设备与建筑物间的净距不应少于 3m。

(二)设备结构安全要求

1. 高炉

高炉冷却设备与炉壳、风口、渣口以及各水套均应密封严密。

软探尺的箱体、检修孔盖的法兰、链轮或绳轮的转轴轴承应密封严密。硬探尺与探尺孔之间应用蒸汽或氮气密封。

高炉炉顶装料设备应符合下列要求：

(1)炉顶双钟设备的大、小钟钟杆之间应用蒸汽或氮气密封。

(2)料钟与料斗之间的接触面应采用耐磨材料制造，经过研磨并检验合格。

(3)无料钟炉顶的料罐上下密封阀，应采用耐热材料的软密封和硬质合金的硬密封。

(4)旋转布料器外壳与固定支座之间应密封严密。

(5)炉喉应有蒸汽或氮气喷头。

(6)新建、改建高炉放散管的放散能力，在正常压力下，应能放散全部煤气。高炉休风时应能尽快将煤气排出。

(7)炉顶放散管的高度应高出卷扬机绳轮工作台5m以上。放散管的放散阀的安装位置应便于在炉台上操作。放散阀座和阀盘之间应保持接触严密，接触面宜采用外接触。

2. 重力除尘器

除尘器应设置蒸汽或氮气的管接头；除尘器顶端至切断阀之间，应有蒸汽、氮气管接头。除尘器顶及各煤气管道最高点应设放散阀。

3. 洗涤塔、文氏管洗涤器和灰泥捕集器

常压高炉的洗涤塔、文氏管洗涤器、灰泥捕集器和脱水器的污水排出管的水封有效高度值，应为高炉炉顶最高压力值的1.5倍，且不小于3m。

高压高炉的洗涤塔、文氏管洗涤器、灰泥捕集器下面的浮标箱和脱水器，应使用符合高压煤气要求的排水控制装置，并有可靠的水位指示器和水位报警器。水位指示器和水位报警器均应在管理室反映出来。

各种洗涤装置应装有蒸汽或氮气管接头。在洗涤器上部，应装有安全泄压放散装置，并能在地面操作。

洗涤塔每层喷水嘴处，都应设有对开人孔。每层喷嘴应设栏杆和平台：①可调文氏管、减压阀组必须采用可靠、严密的轴封，并设较宽的检修平台；②每座高炉煤气净化设施与净煤气总管之间，应设可靠的隔断装置。

4. 电除尘器

电除尘器入口、出口管道应设可靠的隔断装置。

电除尘器应设有当煤气压力低于 $51mmH_2O$ 时，能自动切断高压电源并发出声光信号的装置。

电除尘器应设有当高炉煤气含氧量达到 1% 时，能自动切断电源的装置。

电除尘器应设有放散管、蒸汽管、泄爆装置。

电除尘器沉淀管(板)间，应设有带阀门的连通管，以便放散其死角煤气或空气。

5. 布袋除尘器

布袋除尘器每个出入口应设有可靠的隔断装置。

布袋除尘器每个箱体应设有放散管。

布袋除尘器应设有煤气高、低温报警和低压报警装置。

布袋除尘器箱体应采用泄爆装置。

布袋除尘器反吹清灰时，不应采用在正常操作时用粗煤气向大气反吹的方法。

布袋箱体向外界卸灰时，应有防止煤气外泄的措施。

6. 高炉煤气余压透平发电装置

余压透平进出口煤气管道上应设有可靠的隔断装置。入口管道上还应设有紧急切断阀，当需紧急停机时，能在 1s 内使煤气切断，透平自动停车。

余压透平应设有可靠、严密的轴封装置。

余压透平发电装置应有可靠的并网和电气保护装置，以及调节、监测、自动控制仪表和必要的联络信号。

余压透平的启动、停机装置除在控制室内和机旁设置外，还可根据需要增设。

(三)气密性试验压力

煤气清洗系统的气密性试验压力，应遵守相关规定。

第二节 转炉煤气作业安全技术

一、转炉本体安全

高炉内是一个还原反应，与之相反，转炉内是一个氧化反应，它是把铁水中的炭氧化(脱)掉，采取的办法是用氧枪向炉内的铁水吹氧，吹氧的过程就产生一氧化碳。回收炉内一氧化碳采用的是外延法，炉口不盖严，外面的空气会进来，产生的一氧化碳全部烧掉了，此方法叫燃烧法。转炉炼钢的前期和后期炉盖是打开的。回收煤气是在中间一段，烟罩落下来，不让外面的空气进去。见图3-3。

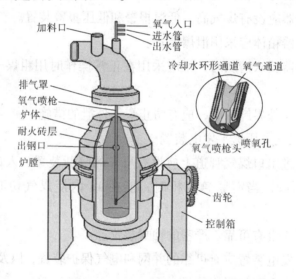

图3-3 纯氧顶吹炼钢转炉模型

转炉本体安全要点如下：

(1)转炉烟罩氧枪、副枪插入孔冒煤气(固定烟罩和活动烟罩应密封好，密封的方法有多种，如沙、水、机械密封等)；

(2)转炉加料系统冒煤气(加料口加造渣、稀释、去杂加石灰时，容易漏煤气，这里也要用氮气气封，要考虑密封的压力，压力有没有报警等)；

（3）转炉氧枪冷却进出不严冒煤气（压力太大，煤气会跑出来，压力太小，空气会进去）；

（4）转炉炉口以上各层平台煤气危险区（也是不能让人随便上去的，注意在这些区域作业是否按规定执行）；

（5）有没有制度，有无单人作业情况，作业是不是随身携带一氧化碳报警器等；

（6）关注氧枪冷却水泄漏、喷溅问题。

二、转炉煤气回收工艺

转炉煤气回收有两种工艺：一种叫 OG 法，是一种湿法除尘，也就是双文法（两级文氏管）。文氏管是一种变径管，当煤气通过变径管时，由小口径通过大口径，压力能变为动能，速度会增加，两边有水喷淋，汽水雾把尘粒粘住了。一级文氏管是一种液流文氏管，液流起泄爆作用，同时液流可灭煤气带来的火星。二级文氏管是一种可调口径文氏管，调节口径，可控制炉口的微正压（5mm 水柱）。烟罩提升时，叫烟气净化，净化的烟气通过三通阀打向烟窗如图 3-4 所示。

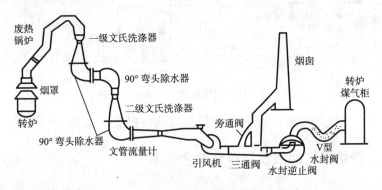

图 3-4　转炉煤气回收工艺流程（OG 法）

从安全考虑，转炉（系统）煤气间歇式回收，保持系统惰性（不回收也要充氮气保持系统压力，防止煤气倒罐，所以有一个水封逆止阀）。第一、二级文氏管都在转炉平台以上，检查时看不到，只能看风机房、后面的三通阀、水封阀、放散管，可检查放散管高度是否符合要求，煤气点燃了没有。因为煤气毒性很大，所以放散管（烟囱）必须高于 30m，有的厂现在高于60m。必须防雷，下面要接地、水封。

另外一种方法，LT法是转炉净化的方向，是电除尘。煤气通过烟罩、蒸发冷却器(水蒸气和水喷进去，降煤气的温度)，通过电除尘器(一般4个电场)除尘，再通过煤气冷却器把温度进一步降下来，再送到煤气柜。除尘器收下来的干灰密封输送，作为烧结原料。电除尘要严格控制进到电除尘系统的氧含量，控制煤气柜含氧量不超过2%；转炉LT法控制煤气含氧量不超过1%。图3-5中系统装有氧含量激光分析仪。

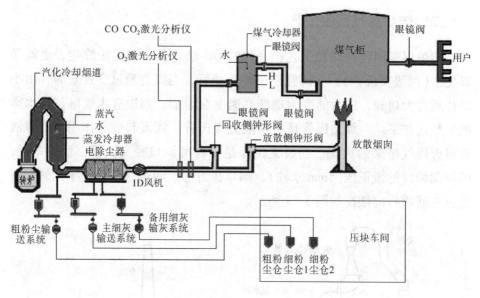

图3-5　转炉煤气回收工艺流程(LT法)

另外，煤气冷却器的冷却水要保持高低位报警。

三、转炉煤气的回收与净化安全技术

(一)厂址与厂房布置安全要求

转炉煤气回收净化系统的设备、机房、煤气柜以及有可能泄漏煤气的其他构件，应布置在主厂房常年最小频率风向的上风侧。

各单体设备之间以及它们与墙壁之间的净距应不小于1m。

煤气抽气机室和加压站厂房应符合GB 6222—2005《工业企业煤气安全规程》第8章的有关规定。抽气机室可设在主厂房内，但应遵守下列规定：

①与主厂房建筑隔断；②废气应排至主厂房外。

（二）设备结构安全要求

转炉煤气活动烟罩或固定烟罩应采用水冷却，罩口内外压差保持稳定的微正压。烟罩上的加料孔、氧枪、副枪插入孔和料仓等应密封充氮，保持正压。

转炉煤气回收设施应设充氮装置及微氧量和一氧化碳含量的连续测定装置。当煤气含氧量超过 2% 或煤气柜位高度达到上限时应停止回收。

每座转炉的煤气管道与煤气总管之间应设可靠的隔断装置。

转炉煤气抽气机应一炉一机，放散管应一炉一个，并应间断充氮，不回收时应点燃放散。

湿法净化装置的供水系统应保持畅通，确保喷水能熄灭高温气流的火焰和炽热尘粒。脱水器应设泄爆膜。

采用半干半湿和干法净化的系统，排灰装置必须保持严密。

煤气回收净化系统应采用两路电源供电。

活动烟罩的升低和转炉的转动应联锁，并应设有断电时的事故提升装置。

转炉操作室和抽气机室、加压机房之间应设直通电话和声光讯号，加压机房和煤气调度之间设调度电话。

转炉煤气回收净化区域应设消防通道。

转炉煤气电除尘器应符合下列规定：

（1）电除尘器入口、出口管道应设可靠的隔断装置；

（2）电除尘器应设有当转炉煤气含氧量达到 1% 时，能自动切断电源的装置；

（3）电除尘器应设有放散管及泄爆装置。

（三）转炉煤气设施与管道严密性试验

转炉煤气设施与管道严密性试验前的准备工作及严密性试验应遵守有关规定。

第三节　焦炉煤气作业安全技术

一、焦炉炉窑本体安全

焦炉煤气的发生机理与前两种不一样，它是物理作用，是煤在炭化室内（两侧是燃烧室）隔绝空气的情况下加热，经干馏，使煤含有的一些有机物质蒸发出来，即为焦炉煤气。焦炉煤气通过上升管、集气管（有调压系统、煤气放散系统），又引入下方作为加热燃料如图3-6所示。

焦炉煤气安全主要有以下两个重点区域：

焦炉地下室煤气危险区（要监测浓度，易爆区，不能动火作业）；

焦炉炉顶煤气危险区（主要含装煤孔作业、上升管不能堵塞、集气管压力不能太大，也不能太小）。

图3-6　焦炉炉窑

二、焦炉煤气回收工艺

焦炉煤气回收的是没有燃烧过的有

机物质，价值很高，比煤气的价值还高。所以焦炉煤气回收有净化回收车间、苯精制等等后续工艺。从集气管收集起来的粗煤气要初冷，温度保持在28℃左右，通过鼓风机输送到后面工艺。鼓风机前叫负压系统，鼓风机后叫正压系统。通过电捕焦油器（类似电除尘）除焦油，再脱炭、脱硫、脱氰，回收氨，再把温度进一步冷却（脱硫时温度上升了），再通过洗油洗煤气，回收里面的苯。此时煤气净化过程基本完成了。

净化过程中有许多塔，如反应塔、洗涤塔，脱硫塔、洗苯塔，也涉及到很多介质，如水、洗油等等。介质有一个排放的问题，有一个水封、油封的高度问题，一定要保持工作压力加 500mmH$_2$O。还有一个就是含氧量的控制，电捕焦油是高压的电场，氧含量高会产生爆炸。见图 3-7。

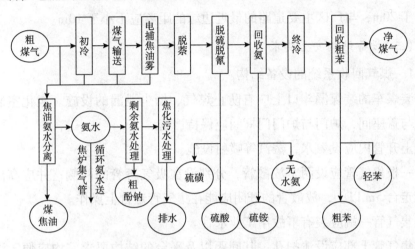

图 3-7　焦炉煤气回收工艺

三、焦炉煤气的回收与净化安全技术

（一）厂址与厂房布置安全要求

新建焦炉应布置在居民区夏季最小频率风向的上风侧，其厂区边缘与居民区边缘相距应在 1000m 以上，中间应隔有防护林带。

在钢铁企业中，焦炉宜靠近炼铁并与高炉组轴线平行布置。焦炉组纵轴应与常年最大频率风向夹角最小。

新建焦化厂的办公、生活和卫生设施应布置在厂区常年最小频率风向的下风侧。

（二）煤气冷却以及净化厂址与厂房布置安全要求

新建焦煤气冷却，净化区应布置在焦炉的机侧或一端，其建（构）筑物最外边线距焦炉炉体边线应不小于 40m。中、小型焦炉可适当减少，但不应小于 30m。

煤气冷却及净化区域应遵守相关的规定。

新建煤气冷却、净化区内煤气系统的各种设施的布置应符合下列要求：

(1)煤气初冷器(塔)应正对抽气机室，按单行横向排列，初冷器出口煤气集合管中心线与抽气机室的行列线距离应不小于10m；

(2)煤气冷却、净化系统的各种塔器与厂区专用铁路中心线的距离应不小于20m，与厂区主要道路的最近边缘的距离应不小于10m。

(三)设备结构安全要求

1. 煤气回收系统的设备结构

装煤车的装煤漏斗口上应有防止煤气、烟尘泄漏的设施。炭化室装煤孔盖与盖座间，炉门与炉门门框间应保持严密。

上升管内应设氨水，蒸汽等喷射设施。

一根集气管应设两个放散管，分别设在吸气弯管的两侧；并应高出集气管走台5m以上，放散管的开闭应能在集气管走台上操作。

集气管一端应装有事故用工业水管。

集气管上部应设清扫孔，其间距以及平台的结构要求，均应便于清扫全部管道，并应保持清扫孔严密不漏。

采用双集气管的焦炉，其横贯管高度应能使装煤车安全通过和操作，在对着上升管口的横贯管管段下部设防火罩。

在吸气弯管上应设自动压力调节翻板和手动压力调节翻板。

焦炉地下室应加强通风，两端应有安全出口，并应设有斜梯。地下室煤气分配管的净空高度不小于1.8m。

交换装置应按先关煤气，后交换空气、废气，最后开煤气的顺序动作。要确保炉内气流方向符合焦炉加热系统图。交换后应确保炉内气流方向与交换前完全相反，交换装置的煤气部件应保持严密。

废气瓣的调节翻板(或插板)全关时，应留有适当的空隙，在任何情况下都应使燃烧系统具有一定的吸力。

焦炉地下室、机焦两侧烟道走廊、煤塔底层的仪表室、煤塔炉间台底层、集气室、仪表间，都属于甲类火灾危险厂房。

设有汽化冷却的上升管的设计和制造，应符合现行有关锅炉压力容器安全管理规定。

焦炉地下室、焦炉烟道走廊、煤塔炉间台底层、交换机仪表室等地，应按 2 区选用电气设备，并应设有事故照明。

2. 煤气冷却、净化系统的设备结构

煤气冷却及净化系统中的各种塔器，应设有吹扫用的蒸汽管。

各种塔器的入口和出口管道上应设有压力计和温度计。

塔器的排油管应装阀门，油管浸入溢油槽中，其油封有效高度为计算值加 500mm。

电捕焦油器应遵守有关规定。但电捕焦油器设在抽气机前时，煤气入口压力允许负压，可不设泄爆装置。电捕焦油器设在鼓风机后，应设泄爆装置，设自动的连续式氧含量分析仪，煤气含氧量达 1% 时报警，达 2% 时切断电源。

煤气冷却、净化设备的气密性试验与管道系统相同，应遵守有关规定。焦炉的吸气管应用 510mmH_2O 做泄漏试验，20min 压力下降不超过 10% 为合格。

第四节　其他煤气作业安全技术

一、发生炉煤气的生产与净化

(一)厂址与厂房布置安全要求

发生炉煤气站的设计应符合 GB 50195—1994《发生炉煤气站设计规范》的规定。

室外煤气净化设备、循环水系统、焦油系统和煤场等建筑物和构筑物，宜布置在煤气发生站的主厂房、煤气加压机间、空气鼓风机间等的常年最小频率风向的上风侧，并应防止冷却塔散发的水雾对周围造成影响。

新建冷煤气发生站的主厂房和净化区与其他生产车间的防火间距应符合 GB 50016—2006《建筑设计防火规范》的规定。

非煤气发生站的专用铁路、道路不得穿越站区。

煤气发生站区应设有消防车道。附属煤气车间的小型热煤气站的消防车道，可与邻近厂房的消防车道统一考虑。

煤气发生炉厂房与生产车间的距离应符合 GB 50016—2006《建筑设计防火规范》的有关规定。

煤气加压机与空气鼓风机宜分别布置在单独的房间内，如布置在同一房间，均应采用防爆型电气设备。

(二)厂房建筑的安全要求

煤气发生站主厂房的设计应符合下列要求：①主厂房属乙类生产厂房，其耐火等级不应低于二级。②主厂房为无爆炸危险厂房，但贮煤层应采取防爆措施。当贮煤斗内不可能有煤气漏入时，或贮煤层为敞开或半敞开建筑时，贮煤层属 22 区火灾危险环境。③主厂房各层应设有安全出口。

煤气站其他建筑应符合下列要求：①煤气加压机房、机械房应遵守第 8 章的规定；②焦油泵房、焦油库属 21 区火灾危险环境；③煤场属 23 区火灾危险环境；④贮煤斗室、破碎筛分间、运煤皮带通廊属 22 区火灾危险环境；⑤煤气管道排水器室属有爆炸危险的乙类生产厂房，应通风良好，其耐火等级不应低于二级。

煤气发生站中央控制室应设有调度电话和一般电话，并设有煤气发生炉进口饱和空气压力计、温度计、流量计、煤气发生炉出口煤气压力计、温度计、煤气高低压和空气低压报警装置、主要自动控制调节装置、连锁装置及灯光信号等。

(三)设备结构安全要求

煤气发生炉炉顶设有探火孔的，探火孔应有汽封，以保证从探火孔看火及插扦时不漏煤气。

带有水夹套的煤气炉设计、制造、安装和检验应遵守现行有关锅炉压力容器的安全管理规定。

煤气发生炉水夹套的给水规定，要遵照 GB 50195—1994《发生炉煤气站设计规范》执行。

水套集汽包应设有安全阀、自动水位控制器，进水管应设止回阀，严禁在水夹套与集汽包连接管上加装阀门。

煤气发生炉的进口空气管道上，应设有阀门、止回阀和蒸汽吹扫装置。空气总管末端应设有泄爆装置和放散管，放散管应接至室外。

煤气发生炉的空气鼓风机应有两路电源供电。两路电源供电有困难的，应采取安全措施防止停电。

从热煤气发生炉引出的煤气管道应有隔断装置，若采用盘形阀，其操作绞盘应设在煤气发生炉附近便于操作的位置，阀门前应设有放散管。

以烟煤气化的煤气发生炉与竖管或除尘器之间的接管，应有消除管内积尘的措施。

新建、扩建的煤气发生炉后的竖管、除尘器顶部或煤气发生炉出口管道，应设能自动放散煤气的装置。

电捕焦油器应符合下列规定：

(1)电捕焦油器入口和洗涤塔后应设隔断装置。

(2)电捕焦油器应设泄爆装置，并应定期检查。

(3)电捕焦油器应设当下列情况之一发生时能及时切断电源的装置：①煤气含氧量达1%；②煤气压力低于50Pa；③绝缘保温箱的温度低于规定温度(一般不低于煤气入口温度加25℃)。

(4)电捕焦油器应设放散管、蒸汽管。

(5)电捕焦油器底部应设保温或加热装置。

(6)电捕焦油器沉淀管间应设带阀门的连接管。

(7)抽气机出口与电捕焦油器之间应设避震器。

每台煤气发生炉的煤气输入网路(或加压)前应进行含氧量分析，含氧量大于1%时，禁止并入网路。

连续式机械化运煤和排渣系统的各机械之间应有电气联锁。

煤气发生炉加压机前后设备水封或油封的有效高度应遵守GB 6222—2005《工业企业煤气安全规程》的规定。

钟罩阀内放散水封的有效高度，应等于煤气发生炉出口最高工作压力水柱高度加50mm。

(四)气密性试验

煤气净化设备气密性试验与管道系统相同，应遵守有关规定。

二、水煤气(含半水煤气)的生产与净化

(一)厂址与厂房布置安全要求

水煤气生产厂房应位于厂区主要建筑物和构筑物常年最小频率风向的上风侧。

多台水煤气发生炉之间的中心距离应符合相关规定。

水煤气生产车间的操作控制室可贴邻本车间设置,但应有防火墙隔开。控制室内必须设有调度电话,与使用煤气的车间保持联系,合理分配煤气使用量以保证管道系统压力稳定。

水煤气生产车间应设有专用的分析站,除进行生产控制指标分析外,还应定时作安全指标分析测定。

间歇式水煤气炉的排放烟囱应单独设立,不宜和其他煤气设备共用烟道。

(二)厂房建筑的安全要求

水煤气生产厂房宜单排布置,厂房的火灾危险性属于甲类,厂房的耐火等级不低于二级。半水煤气生产厂房的火灾危险性属于乙类(同一装置生产水煤气和半水煤气时,应按水煤气要求处理)。防火间距应符合GB 50016—2006《建筑设计防火规范》的有关规定。

水煤气生产厂房一般采用敞开式或半敞开式。宜采用不发生火花的地面,地面应平整并易于清扫。每层厂房应设有安全疏散门和楼梯。水煤气生产厂房的区域内应设有消防车道。

水煤气生产厂房的电气设备按防爆要求设计。

(三)设备结构安全要求

水煤气发生炉的料仓层应有通风设施。煤、焦料仓的漏斗与煤气炉进料口之间的加料器宜采用密封或局部密封。

带有水夹套的水煤气炉的设计、制造、安装、检验和使用应遵守相关规定。

通向煤气炉的空气管道的末端应设有泄爆膜和放散管。

洗涤塔排水管的水封有效高度至少为洗涤塔计算压力水柱高度加500mm。

电除尘器应符合下列规定：

（1）电除尘器入口、出口管道应设可靠的隔断装置。

（2）电除尘器入口、出口应设煤气压力计，正常操作时电除尘器入口（煤气柜出口）的煤气压力在 255～398mmH$_2$O；电除尘器出口（加压机入口）的煤气压力不低于 51mmH$_2$O，低于此值时，煤气加压机应停车。

（3）电除尘器中水煤气的含氧量，正常操作时应小于 0.6%；大于 0.6% 时，应发出报警信号；达到 0.8% 时，应立即切断电除尘器的电源。

（4）电除尘器应设有放散管及泄爆装置。

水煤气（半水煤气）的含氧量应严格控制，一般设自动分析仪，并应有人工分析进行定期抽查。正常情况下，总管煤气含氧量应小于 0.6%；单台炉系统煤气含氧量达到 1% 时，该炉必须停车。

三、直立连续式炭化炉煤气的生产与净化

（一）厂址与厂房布置安全要求

新建炭化炉厂应布置在居民区常年最小频率风向的上风侧，其厂区边缘与居民区边缘相距应在 1000m 以上，煤气产量小于 50000m^3/h 的，相距也应不小于 500m。

炭化炉的厂房纵轴线与常年最大频率风向宜成直角（或接近直角）。

炭化炉的厂房四周应设消防车道。厂房与抽气、回收、净化等建筑物的距离应不小于 30m。

（二）煤气净化与冷却区域煤气冷却及净化区域

应遵守有关规定。

（三）厂房建筑的安全要求

炭化炉厂房的火灾危险性属于甲类，厂房耐火等级不低于二级。

几座炭化炉厂房相连布置时，厂房与厂房可相邻布置，但建筑设计时，应考虑沉降差异，其间通过的各种管道、电缆通廊等应设沉降差异补偿装置。

采用发生炉热煤气供热时，发生炉厂房与炭化炉厂房可相邻布置。

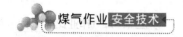

(四)设备结构安全要求

1. 炭化炉的设备

炭化炉的护炉柱和底部承重梁应采用钢结构。

辅助煤箱上部应设泄爆孔。

升气管蝶阀和活塞阀的轴杆应设耐温填料盒,应密封严密,启闭灵活。

炉顶煤气总管的焦油氨水出口水封有效高度应不小于 100mm。

煤气总管出口应安装压力自动调节器,必须操作灵敏,控制炉顶煤气呈微正压,并应装有事故超压自动(并附手动)排放装置,其放散管应高出屋顶 4m 以上。

炭化炉厂房的安全出口应不少于 2 个。走廊通道宽度应不小于 1.5m,并应设防护栏杆。重要处还应设防止工具坠落的保护网。

动力和照明电线应采用护套敷设。照明允许采用高压水银灯,并应设有事故照明。

炭化炉底的蒸汽注射管应保持排焦箱正压,排焦箱的水封高度应大于排焦箱内压力,一般不小于 $102mmH_2O$。

加热用的发生炉煤气总管端部,应设管道清灰的操作平台。

2. 煤气冷却、净化系统的设备结构

污煤气管道应向抽水井倾斜,倾斜度应不小于 0.3%,转弯处应留清扫孔,管道与抽气机应用金属波纹管软镶连接。

抽气机出口与电捕焦油器之间宜设避震器。

易腐蚀区域的动力、照明电线应采用防腐套管铜芯线。

煤气冷却、回收和净化系统的设备结构应遵守相关规定。

(五)炭化炉煤气系统气密性试验

煤气冷却、净化设备及炭化炉出口至抽气机前的煤气管道的严密性试验应遵守相关规定。

四、铁合金炉气

铁合金电炉是冶炼铁合金的主要设备。铁合金电炉分为还原电炉和精炼电炉两类。还原电炉又称埋弧电炉或矿热电炉,采取电极插入炉料的埋弧操作，还原电炉有敞口、封闭（或半封闭），炉体有固定、旋转等各种形式。精炼电炉用于精炼中碳、低碳、微碳铁合金。电炉容量一般为1500～6000kV·A，采用敞口固定或带盖倾动形式。前者类似还原电炉，可配备连续自焙电极；后者类似电弧炼钢炉，使用石墨或炭质电极。

（一）铁合金电炉简介

铁合金电炉分为还原电炉和精炼电炉两类。

还原电炉又称埋弧电炉或矿热电炉，炉体旋转可以消除悬料，减少结壳"刺火"使布料均匀，反应区扩大，以利炉况顺行。电炉容量（在铁合金生产中指电炉变压器容量，按"kV·A"计，用以标志电炉能力）在20世纪50年代以前一般从几百至一万千伏安左右，后来逐渐向大型化发展。20世纪70年代新建电炉一般为20000～40000kV·A，最大的封闭式电炉达75000kV·A，最大的半封闭炉达96000kV·A。

现代铁合金电炉一般为圆形炉体，配备三根电极。大型锰铁电炉有采用矩形多电极的。大型硅铁电炉有些装备旋转机构，炉体以30～180h旋转360°的速度沿水平方向旋转或往复摆动。封闭电炉设置密封的炉盖，半封闭电炉在烟罩下设有可调节开启度的操作门，以控制抽入空气量和烟气温度。

电极系统广泛采用连续自焙电极，最大的直径可达2000mm，有的还做成中空式。连续自焙电极由薄钢板电极壳和电极糊组成，在运行中电极糊利用电流通过时产生的热量和炉热的传导辐射自行焙烧。随着电极的消耗，电极壳要相应逐节焊接，并向壳内充填电极糊。电极把持器由接触颊板（导电铜瓦）、铜管和把持环等构件组成，它的作用是将电流输向电极，并将电极夹持在一定的高度上，还可以调节电极糊的烧结状态。电极升降和压放装置吊挂着整根电极，用以调整电极插入深度。

从变压器低压侧到电极把持器的馈电线路通称短网，是一段大截面的导体，用以输送大电流至炉内。大型电炉变压器的二次绕组多数通过短网在电极上完成三角形接线。整个网路由硬母线束、软母线束和铜管组成。

精炼电炉用于精炼中碳、低碳、微碳铁合金。电炉容量一般为1500～6000kV·A，采用敞口固定或带盖倾动形式。前者类似还原电炉，可配备连续自焙电极；后者类似电弧炼钢炉，使用石墨或炭质电极。

(二)铁合金电炉煤气作业

铁合金还原电炉生产过程中产生大量煤气。用敞口电炉生产时，煤气遇空气燃烧成为烟气，量大尘多，既难净化，又不利于能量回收，长期污染环境，形成公害并造成能量损失。20世纪70年代以来，为了保护环境和节约能源，铁合金还原电炉逐渐由敞口电炉改为封闭或半封闭电炉。冶炼锰铁、铬铁等铁合金用封闭电炉，冶炼需要料面操作的铁合金(硅铁、金属硅等)，则用半封闭电炉。

封闭电炉设置密封的炉盖和泄爆装置，产生的煤气于未燃状态引出，导入煤气净化设施净化回收。煤气发生过程连续稳定，煤气体积只有敞口电炉烟气体积的1%~2%。因此煤气净化设备小，组合简单，净化操作便利。煤气净化一般采用湿法工艺。煤气含CO、H_2、CH_4等有效燃料成分约占气体体积的80%，主要以CO居多，发热值为2100~2400kcal/m^3。

为了治理硅铁电炉的烟气，起初将敞口电炉的高烟罩改为矮烟罩，后来发展成为半封闭电炉。

能控制烟气量便于净化和回收热能。装设余热锅炉时，回收的热量可达电炉总耗能量的30%或总耗电量的65%，如用于发电可回收电能约20%。烟气净化一般采用干法工艺。

硅锰铁合金电炉在冶炼生产过程中排出大量的高温含尘烟气，烟尘主要成分是MnO和SiO_2，烟尘粒径大部分小于5μm。因此，如果不采取有效的烟气净化，这种含微细粒径的含尘烟气对室内外环境和人体健康危害很大。并影响铁合金周围的大气环境和工人的身心健康。因此，无论从环保效益还是社会效益，治理好硅锰矿热炉烟气都具有极其重要的意义。

(三)事故分析

1. 灼烫事故原因

(1)违章指挥导致的灼烫事故。"三违"是造成事故的罪恶之源，其中违章指挥最具有危害性。

(2)违章操作所致的灼烫事故。主要原因是个别冶炼工安全意识淡薄，思想麻痹，不遵守出铁吹氧安全操作规程或受习惯性违章作业人员影响，在安全防护装置缺乏、损坏，安全防护措施没有落实到位的情况下违章操作，导致事故发生。

（3）炉内塌料喷溅引发的灼烫事故。电炉冶炼由于操作不当或生产工艺等原因都将会引发炉内物料沸腾、翻渣、塌料而造成热料四处喷溅导致发生人员灼烫事故：①炉内温度过低，加入炉料未熔净，待温度上升，使集中溢出的气体受阻，同时若加料过快、过量，炉渣流动性不好，便会引起炉内物料沸腾；②炉内塌料后，出现低温或有潮气的炉料落入液态金属与熔渣混合，产生上下翻动，增加了反应接触面，加剧了反应；③电炉的电极硬断造成电极变短，所配的料粉湿，操作不当情况下，易造成塌料，炉内热料喷溅。炉面周围若有人员作业或逗留时，极易发生灼烫事故。

（4）电极爆炸诱发的灼烫事故：①生产所用的电极糊挥发波动大，结晶水偏高，烧结速度慢，在电极烧结不好的情况下，产生大量可燃气体，并迅速集聚膨胀，造成电极爆炸；②电炉冶炼操作人员经验不足，未能判断电极会发生异常情况；③车间现场电极孔的缝隙较宽，存在一定隐患，且作业现场警示标识不够完善等。

（5）铁水包倾翻、铁水外溢险肇严重灼烫事故。

（6）生产作业现场环境状况不良导致的灼烫事故。浇铸间是供出炉的高温铁水浇铸冷却的场所。多数铁合金厂都是在此场地进行综合作业，如炉渣的水淬、未被水淬炉渣的冷却、铁合金冷却后的成品精整吊运，以及行车运行和锭模、渣包、铁水包、精整斗等存放的综合场所，加之由于浇铸间生产作业现场管理力度不够，制度、整治措施落实不到位，检查考核不严等，导致浇铸间物品随地堆放，工件、工具到处乱丢，炉渣及废弃物不及时清理，场地通道狭窄或安全通道被物品、精整斗占据，作业人员行动不便。安全标志不设置或设置不规范等，致使浇铸间存在着一定的事故隐患，成为灼烫事故极易发生的场地。

（7）其他灼烫事故。铁水出炉后浇铸冷却过程中，由于铁块在收缩或断裂时产生内应力，引发碎片弹出，极有可能伤及或灼伤周围的人员。

2. 预防对策与措施

（1）认真贯彻执行"管生产必须管安全"的原则：①从各级领导抓起、做起，层层落实，对不能认真履行其职责的单位或个人要采取处罚措施，以达到警醒目的；②加强安全教育，以本企业历年来发生的灼烫伤事故为案例，在本公司范围内广泛开展"安全第一"、"生产必须安全"的学习宣传教育活动，进一步提高全员的安全意识和自我防护能力；③加强作业人员的操作技能及安全知识培训。

（2）防止冶炼过程中塌料，造成大量热料喷出灼伤人员。必须做到以下几点：①严格控制入炉原料粒度、水分，如炉料湿度大必须先烘烤干燥后方可入炉。②加强炉况观察和维护，确保炉况运行正常。③加强冶炼电极的维护，控制电极硬断事故。当冶炼中发生熔池物料剧烈沸腾时，配电工应立即升抬电极，切断电源。炉面操作人员停止加料，立即远离炉门两侧。④配电工在升抬、插入电极操作中，先打铃示警并注意观察，敦促炉面加料和3楼平台加糊焊接电极壳作业人员离开炉旁，以防塌料引发热料喷溅灼伤事故发生。

第四章 煤气生产装置及设备设施安全技术

第一节 煤气回收装置安全技术

一、隔断装置安全技术

(一)一般规定

凡经常检修的部位应设可靠的隔断装置。

焦炉煤气、发生炉煤气、水煤气(半水煤气)管道的隔断装置不应使用带铜质部件。寒冷地区的隔断装置,应根据当地的气温条件采取防冻措施。

(二)插板

插板是可靠的隔断装置。安设插板的管道底部离地面的净空距为金属密封面的插板不小于8m,非金属密封面的插板不小于6m。在煤气不易扩散地区须适当加高,封闭式插板的安设高度可适当降低。

(三)水封

水封装在其他隔断装置之后并用时,才是可靠的隔断装置。水封的有效高度至少为煤气计算压力加500mm,并应定期检查水封高度。

水封的给水管上应设给水封和止回阀。

禁止将排水管、满流管直接插入下水道。水封下部侧壁上应安设清扫孔和放水头。U型水封两侧应安设放散管、吹刷用的进气头和取样管。

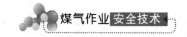

（四）眼镜阀和扇形阀

眼镜阀和扇形阀不宜单独使用，应设在密封蝶阀或闸阀后面。

敞开眼镜阀和扇形阀应安设在厂房外，如设在厂房内，应离炉子10m以上。

（五）密封蝶阀

密封蝶阀不能作为可靠的隔断装置，只有和水封、插板、眼镜阀等并用时才是可靠的隔断装置。

密封蝶阀的使用应符合下列要求：

（1）密封蝶阀的公称压力应高于煤气总体气密性试验压力；

（2）单向流动的密封蝶阀，在安装时应注意使煤气的流动方向与阀体上的箭头方向一致；

（3）轴头上应有开、关程度的标志。

（六）旋塞

旋塞一般用于需要快速隔断的支管上。

旋塞的头部应有明显的开关标志。

焦炉的交换旋塞和调节旋塞应用 2040mmH$_2$O 的压缩空气进行气密性试验，经30min后压降不超过51mmH$_2$O为合格。试验时，旋塞密封面可涂稀油（50号机油为宜），旋塞可与0.03m的风包相接，用全开和全关两种状态试验。

（七）闸阀

单独使用闸阀不能作为可靠的隔断装置。

所用闸阀的耐压强度应超过煤气总体试验的要求。

煤气管道上使用的明杆闸阀，其手轮上应有"开"或"关"的字样和箭头，螺杆上应有保护套。

闸阀在安装前，应重新按出厂技术要求进行气密性试验，合格后才能安装。

（八）盘形阀

盘形阀（或钟形阀）不能作为可靠的隔断装置，一般安装在污热煤气管道上。

盘形阀的使用应符合下列要求：

(1)拉杆在高温影响下不歪斜，拉杆与阀盘(或钟罩)的连接应使阀盘(或钟罩)不致歪斜或卡住；

(2)拉杆穿过阀外壳的地方，应有耐高温的填料盒。

(九)盲板

盲板主要适用于煤气设施检修或扩建延伸的部位。

盲板应用钢板制成，并无砂眼，两面光滑，边缘无毛刺。盲板尺寸应与法兰有正确的配合，盲板的厚度根据使用目的经计算后确定。堵盲板的地方应有撑铁，便于撑开。

(十)双板切断阀(平行双闸板切断阀、NK阀)

阀腔注水型且注水压力至少为煤气计算压力加5000Pa，并能全闭到位，保证煤气不泄漏到被隔断的一侧。双板切断阀是可靠的隔断装置，见图4-1。

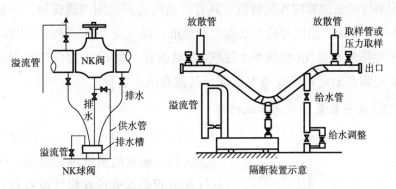

图4-1 煤气设备与管道附属装置——隔断装置

非注水型双板切断阀应符合相关规定。

隔断装置失效是煤气事故的主要因素。

二、放散装置安全技术

(一)吹刷煤气放散管

下列位置应安设放散管：

（1）煤气设备和管道的最高处；

（2）煤气管道以及卧式设备的末端；

（3）煤气设备和管道隔断装置前，管道网隔断装置前后支管闸阀在煤气总管旁0.5m内，可不设放散管，但超过0.5m时，应设放气头。

放散管口应高出煤气管道、设备和走台4m，离地面不小于10m。

厂房内或距厂房20m以内的煤气管道和设备上的放散管，管口应高出房顶4m。厂房很高，放散管又不经常使用，其管口高度可适当减低，但应高出煤气管道、设备和走台4m。不应在厂房内或向厂房内放散煤气。

放散管口应采取防雨、防堵塞措施。

放散管根部应焊加强筋，上部用挣绳固定。

放散管的闸阀前应装有取样管。

煤气设施的放散管不应共用，放散气集中处理的除外。

（二）剩余煤气放散管

剩余煤气放散管应安装在净煤气管道上。

剩余煤气放散管应控制放散，其管口高度应高出周围建筑物，一般距离地面不小于30m，山区可适当加高，所放散的煤气应点燃，并有灭火设施。

经常排放水煤气（包括半水煤气）的放散管，管口高度应高出周围建筑物，或安装在附近最高设备的顶部，且设有消声装置。

（三）放散装置防中毒事故措施

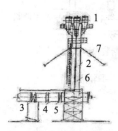

图4-2　剩余煤气放散装置示意
1—燃烧器；2—放散管；3—闸阀；4—孔板；5—调节蝶阀；6—灭火蒸汽管；7—绳

防止人为中毒事故，一种方式是人工吹扫，通过放散管将其引走。吹刷煤气放散管必须安设在煤气设备和管道的最高处；或煤气管道以及卧式设备的末端；放散管口必须高出煤气管道、设备和走台4m，离地面不小于10m。

调压煤气放散管管口高度应高出周围建筑物，一般距离地面不小于30m，所放散的煤气必须点燃，并有灭火设施如图4-2所示。

三、冷凝物排水器安全技术

排水器之间的距离一般为 200 ~ 250m，排水器水封的有效高度应至少为煤气计算压力加 500mm。

高压高炉从剩余煤气放散管或减压阀组算起，300m 以内的厂区净煤气总管排水器水封的有效高度，应不小于 3000mm。

煤气管道的排水管宜安装闸阀或旋塞，排水管应加上、下两道阀门。

两条或两条以上的煤气管道及同一煤气管道隔断装置的两侧，宜单独设置排水器。如设同一排水器，其水封有效高度按最高压力计算。

排水器应设有清扫孔和放水的闸阀或旋塞；每只排水器均应设有检查管头；排水器的满流管口应设漏斗；排水器装有给水管的，应通过漏斗给水。

排水器可设在露天，但寒冷地区应采取防冻措施；设在室内的，应有良好的自然通风。

排水器是事故常发部位。

有人值守的值班室、操作室等不应设在排水器旁，排水器应有明显的警告标志；排水器的满流管口应保持溢流如图 4-3 和图 4-4 所示。

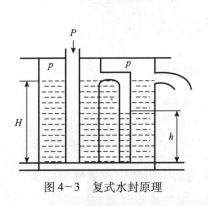

图 4-3　复式水封原理

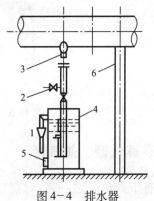

图 4-4　排水器

1—溢流管；2—检查管；3—闸阀；
4—水封筒；5—排污管；6—托架

四、燃烧装置安全技术

当燃烧装置采用强制送风的燃烧嘴时，煤气支管上应装止回装置或自动隔断阀。在空气管道上应设泄爆膜。煤气、空气管道应安装低压警报装置。空气管道的末端应设有放散管，放散管应引到厂房外。

燃烧装置爆炸事故的防控重点如下：

（1）炉窑点火必须先点火、后开煤气（先吹一吹，查看煤气开关是否处于关闭位置）；

（2）煤气燃烧要防止回火、吹脱（对压力有要求，还要求管道上有紧急切断阀，当压力低它就会关闭）；

（3）煤气管上应装逆止装置或紧急切断阀、在空气管道上应设泄爆膜；

（4）煤气、空气管道应安装低压警报装置；

（5）煤气烧嘴应有火焰监测装置（火灭时将信号传给继电器，关闭阀门）；

（6）煤气燃烧器要有常明火（小火）如图4-5所示。

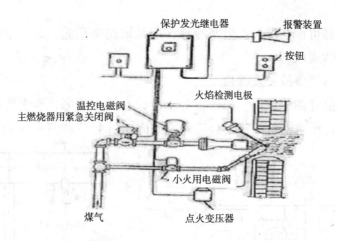

图4-5　火焰电极式安全装置

五、蒸汽管、氮气管

具有下列情况之一者，煤气设备及管道应安设蒸汽或氮气管接头：

（1）停、送煤气时需用蒸汽和氮气置换煤气或空气者；

（2）需在短时间内保持煤气正压力者；

（3）需要用蒸汽扫除萘、焦油等沉积物者。

蒸汽或氮气管接头应安装在煤气管道的上面或侧面，管接头上应安旋塞或闸阀。

为防止煤气串入蒸汽或氮气管内,只有在通蒸汽或氮气时,才能把蒸汽或氮气管与煤气管道连通,停用时应断开或堵盲板。

六、补偿器

补偿器宜选用耐腐蚀材料制造。

带填料的补偿器,应有调整填料紧密程度的压环。补偿器内及煤气管道表面应经过加工,厂房内不得使用带填料的补偿器。

七、泄爆阀

泄爆阀安装在煤气设备易发生爆炸的部位。

泄爆阀应保持严密,泄爆膜的设计应经过计算。

泄爆阀泄爆口不应正对建筑物的门窗。

八、人孔、手孔及检查管

闸阀后,较低的管段上,膨胀器或蝶阀组附近、设备的顶部和底部,煤气设备和管道需经常入内检查的地方,均应设人孔。

煤气设备或单独的管段上人孔一般不少于两个。可根据需要设置人孔。

人孔直径应不小于 600mm,直径小于 600mm 的煤气管道设手孔时,其直径与管道直径相同。有砖衬的管道,人孔圈的深度应与砖衬的厚度相同。

人孔盖上应根据需要安设吹刷管头。

在容易积存沉淀物的管段上部,宜安设检查管。

九、管道标志和警示牌

厂区主要煤气管道应标有明显的煤气流向和种类的标志。

所有可能泄漏煤气的地方均应挂有提醒人们注意的警示标志。

十、其他附属装置

一些附属装置容易成为安全盲点,此类附属装置及其安全技术主要包括以下几项:

(1)蒸汽管、氮气管(伴随煤气管)停用时必须与煤气设施断开或堵盲板(防止断气时阀门关闭不可靠,煤气沿蒸汽管串入澡堂、食堂、办公楼,历史上发生多次此类事故);

(2)补偿器宜选用耐腐蚀材料制造,厂房内不得使用带填料的补偿器;

(3)泄爆阀不应正对建筑物的门窗和走道;

(4)管道标志(要有介质、流向标志,煤气为灰色,管道还要有标高)和警示牌(所有的水封都要挂煤气危险的警示牌,防过路人在此处停靠、休息);

(5)煤气设施的人孔、阀门、仪表等经常有人操作的部位,均应设置固定平台。

十一、煤气回收装置安全管理要求

(1)在煤气使用单位较多的企业中,应设煤气调度室(生产、使用是波动的,还要停修,发生煤气事故在紧急调度关闭,所以应设煤气防护站,并半军事化管理,设施按标准设置,并经常作应急演习)。

(2)钢铁企业应设煤气防护站或煤气防护组,按计划定期进行各种事故抢救演习。

(3)煤气设施应明确划分管理区域,明确责任(哪个阀门该谁管都要明确),建立严格的制度。

(4)煤气管网、设施应建立技术档案(如管网的走向、大中修记录、设计图纸、竣交工资料等等)。

(5)煤气危险区的一氧化碳浓度应定期测定,在关键部位应设置固定的一氧化碳监测装置。作业环境一氧化碳最高允许浓度为 $30mg/m^3$(8h 允许浓度,浓度高于此数要缩短工作时间,因为一氧化碳在身体内有积累过程)。

(6)应对煤气工作人员进行安全技术培训,经考试合格的人员才准上岗作业。

(7)有条件的企业应设高压氧仓,对煤气中毒者进行抢救和治疗。

第二节 煤气作业主要设备与附属设施故障及其处理方法

一、主要设备故障及其处理方法

煤气作业环节涉及的设备很多，包括泵、风机、塔、静设备、换热器、废热锅炉等。现将其中的主要设备故障及其处理方法介绍如下。

（一）离心泵易产生的故障及排除方法

1. 泵不能启动或启动负荷较大的原因及处理对策（表4-1）

表4-1 泵不能启动或启动负荷较大的原因及处理对策

序号	故障原因	处理对策
1	电源不正常	检查电源
2	泵被卡住	用手盘动联轴器检查
3	填料压得过紧	将填料压盖螺栓松开、调整填料厚度
4	出口排出阀门未关闭	关闭出口排出阀门
5	多级泵的平衡管堵塞	拆开平衡管检查
6	多级泵平衡盘定位不对	重新安装平衡盘使正确定位
7	平衡盘的径向间隙不对	对照说明书调整
8	排出系统背压过高超过设计压力	检查排出系统压力及设计要求
9	介质温度过低、黏度过大	对介质加热以达到设计使用温度
10	叶轮中有异物卡住	拆开叶轮检查
11	叶轮与口环摩擦	鳃体检查调整间隙

2. 泵不出液体的原因及处理对策（表4-2）

表4-2 泵不出液体的原因及处理对策

序号	故障原因	处理对策
1	泵内空气未排净	将泵内空气排净
2	泵反转	检查电机运转方向

序号	故障原因	处理对策
3	泵转速过低	检查电机转速
4	入口过滤网堵塞	清洗入口过滤网
5	泵吸液高度过高	检查进口液位是否正常
6	排出阀门未打开	检查排出阀门是否完好

3. 泵在运转中断液的原因及处理对策(表4-3)

表4-3　泵在运转中断液的原因及处理对策

序号	故障原因	处理对策
1	进口管道或填料密封漏气	检查、修理或更换进口管道,更换填料
2	泵启动时,泵进口管路气体没有排尽	重新将进口管路气体排尽
3	吸入管路被异物堵住	停泵清理进口管路异物
4	吸入大量气体	检查入口是否有旋涡或掩埋深度不够

4. 泵出口流量不足的原因及处理对策(表4-4)

表4-4　泵出口流量不足的原因及处理对策

序号	故障原因	处理对策
1	出口管路扬程增加	检查系统压力及扬程
2	出口管路阻力增大	检查出口管道是否堵塞,逆止阀损坏
3	口环磨损过大	更换新口环
4	叶轮堵塞、磨损、腐蚀	叶轮清洗、检查、更换

5. 泵扬程不够的原因及处理对策(表4-5)

表4-5　泵扬程不够的原因及处理对策

序号	故障原因	处理对策
1	同表4-3、表4-4、表4-5中相关项	采取相应措施
2	物料重度、黏度改变	检查物料重度、黏度

序号	故 障 原 因	处 理 对 策
3	运转流量太大	调节出口阀门开度，减小流量
4	泵转速减小	检查电动机

6. 泵运行中泵功率(电流)消耗过大的原因及处理对策(表4-6)

表4-6　泵运行中泵功率(电流)消耗过大的原因及处理对策

序号	故 障 原 因	处 理 对 策
1	叶轮与口环、泵壳相摩擦	检查叶轮和泵壳
2	泵流量过大	调节出口阀门，减小流量
3	液体重度增加	检查物料重度
4	填料压得太紧或干摩擦	松开填料螺栓，检查冷却水管
5	轴承损坏	检查轴承、更换
6	转速过高	检查电动机转速
7	泵转动轴弯曲	泵解体校正轴或更换轴
8	轴向力平衡装置失效	检查平衡盘
9	联轴器对中不良或轴间隙过小	校正同心度，调整间隙

7. 泵振动大或有异常声音的原因及处理对策(表4-7)

表4-7　泵振动大或有异常声音的原因及处理对策

序号	故 障 原 因	处 理 对 策
1	同表4-3中4；表4-6中5、7、9项	采取相应措施
2	振动频率为0~40%工作转速：轴承间隙过大、轴瓦松动；润滑油有杂质，已经变质，油起泡润滑不良	调整轴承或更换轴承、润滑油
3	振动频率为60%~100%工作转速：有关轴承问题同序号2，或者密封间隙过大，护圈松动，密封损坏	检查、调整、更换
4	振动频率为2倍工作转速：不对中，联轴器松动，密封装置发生摩擦，壳体变形，轴承损坏，支承共振，推力轴承损坏，轴弯曲，不良的收缩配合	检查，采取相应措施

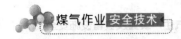

续表

序号	故障原因	处理对策
5	振动频率为2倍工作转速：叶轮叶片频率、压力脉动，不对中，壳体变形，密封副发生摩擦，支座或基础共振，管路和泵机组共振，齿轮啮合不良或磨损	加固基础或管路
6	振动频率非常高：轴摩擦密封，轴承、轴齿轮不精密、轴承抖动，不良的收缩配合	同序号4
7	地脚螺栓松动	紧固
8	叶轮中有异物	清洗叶轮
9	发生严重气蚀	检查吸水高度和水温
10	泵内进入空气	设法排除

8. 轴承发热的原因及处理对策(表4-8)

表4-8　轴承发热的原因及处理对策

序号	故障原因	处理对策
1	同表4-6中5、7、9项	采取相应措施
2	润滑不良、油量不足或油质不好	检查润滑油
3	轴承装配不良	装配修理
4	冷却水中断	检查、修理水管
5	轴瓦刮研不好	重新刮研
6	轴承磨损、松动	更换轴承
7	轴承间隙过小	调整轴承间隙
8	甩油环动作失灵	检查、修理油环

9. 轴密封发热的原因及处理对策(表4-9)

表4-9　轴密封发热的原因及处理对策

序号	故障原因	处理对策
1	同表4-6中4项	采取相应措施
2	密封水圈与水封管错位	检查改正

序号	故 障 原 因	处 理 对 策
3	冲洗冷却不良	检查冲洗管路
4	机械密封内有故障	检查机械密封装置
5	填料密封过紧	放松填料螺栓

10. 填料磨损的原因及处理对策(表4-10)

表4-10　填料磨损的原因及处理对策

序号	故 障 原 因	处 理 对 策
1	填料质量差	更换
2	轴或轴套表面磨损	更换轴套
3	填料压得过紧	适当松开填料螺栓
4	水封管水量太小	调整冷却水大小

11. 转轴窜动的原因及处理对策(表4-11)

表4-11　转轴窜动的原因及处理对策

序号	故 障 原 因	处 理 对 策
1	运转工况与设计工况差别较大	调整工况点
2	平衡管不畅通	检查平衡管
3	平衡盘材质不符合要求、产生磨损	更换平衡盘

(二)屏蔽泵常见故障与处理(表4-12)

表4-12　屏蔽原常见故障与处理

故障现象	故 障 原 因	处 理 方 法
泵无法启动	电源缺相	检查电源接线
	绝缘不良	检查绝缘电阻值并烘干转子
	转子卡死	拆卸检查轴承和转子是否烧坏或碰触

故障现象	故障原因	处理方法
达不到规定流量	叶轮腐蚀或磨损	检查或更换叶轮
	异物混入	检查管路系统和清洗过滤器
	旋转方向不正确	电源线接线反向、转向确认
	产生气蚀	排气、检查
	叶轮堵塞	清扫、清洗叶轮
	管道阻力损失过大	检查排除管道系统是否正常
	吸入侧有空气进入	检查进口管路系统
扬程达不到规定值	叶轮损坏	检修或更换叶轮
	流量过大	调整出口阀开度使流量达到规定值
	异物混入	清除异物
	旋转方向不正确	检查管路系统和清洗过滤器
	管道阻力损失过大	电源线接线反向、转向确认
	气蚀	消除气蚀起因
	叶轮被堵塞	清扫、清洗叶轮
	吸入侧有空气进入	检查进口管路系统
电流过大	绝缘不良	检查绝缘电阻值并烘干电机内部
	叶轮和壳体接触	检查各有关部件，消除起因
	转子卡住	拆卸检查轴承和转子，是否烧坏或碰触
	轴向推力平衡不好	消除起因
	异物混入	检查管路系统和清洗过滤器
	工艺技术指标不符合要求	重新调整
泵过热	绝缘不良	检查绝缘电阻值并烘干电机内部
	叶轮与壳体或转子与定子接触	重新检修，消除起因
	轴向推力平衡不好	消除不平衡因素
	旋转方向不正确	电源线接线反向、转向确认
	工艺技术指标不符合	重新调整
	循环冷却，润滑系统堵塞	检查清扫过滤器和管路
	断流运转或流量过小	重新调整流量，消除起因
	夹套热交换器的冷却水不足	清扫水垢或调整水流量
	气蚀	消除气蚀起因

续表

故障现象	故障原因	处理方法
异常振动或噪声	轴承磨损	更换轴承
	轴套腐蚀或磨损	更换轴套
	叶轮与壳体触碰	重新调整装配
	轴向推力平衡不良	消除不平衡因素
	轴弯曲	校正或更换
	管道系统的振动冲击	检查管道系统
	气蚀	消除气蚀起因
	异物混入	检查管路系统和清洗过滤器
	吸入侧有空气进入	消除起因
轴承损坏	轴套腐蚀或磨损	更换轴承、轴套
	轴弯曲变形	校正更新
	轴承磨损	更换轴承
	断流运转或流量过小	调整流量并更换轴承
	冷却水流量及润滑液流量不足	消除异常因素并更换轴承
热动开关动作	热动开关不良	检查热动作开关并调整处理
	绝缘不良	检查绝缘状态并干燥电机内部
	断流运转或流量过小	调整流量
	夹套热交换器的冷却水不够	清扫除垢或调整水流量
	吸入侧有空气混入，润滑液不足	消漏或补充润滑液

(三)定量泵常见故障与处理对策(表4-13)

表4-13 定量泵常见故障与处理对策

故障现象	故障原因	处理方法
流量达不到规定值	有异物	检查清洗单向阀及进出口配管
	填料或垫片损坏，泄漏	调紧填料，更换垫片
	柱塞磨损或隔膜破损	更换柱塞式隔膜
	补油器油位不足或补油机构失灵	加油和修理补油器
	进出管、单向阀漏气	紧固进出管法兰，更换单向O形圈
	单向阀磨损	更换单向阀

故障现象	故 障 原 因	处 理 方 法
有异音或噪声	传动机构或驱动机构轴承损坏或磨损	更换轴承
	蜗轮、蜗杆磨损或损坏	修配或更换蜗轮、蜗杆
	油位不足或润滑油变质	加位或更换油脂
不能调节流量或行程	调整螺杆损坏	修配螺杆
	轴承损坏	更换轴承
	N 形机构不动作	修理清洗 N 形机构

（四）高速泵常见故障与处理（表4-14）

表4-14　高速泵常见故障及处理措施

故障现象	故 障 原 因	处 理 方 法
泄漏	机封磨损或 O 形圈损坏或磨损	更换机封，更换 O 形圈
	叶壳外壳机接合面垫片损坏，进出口法兰面螺栓松动或垫片损坏	更换垫片，紧固法兰螺栓，更换法兰垫片
异音、振动、温度升高	齿轮箱、高速轴、低速轴轴承损坏或磨损	检查更换轴承，测量轴承轴向窜动
	齿轮箱配合面螺栓松动，地脚螺栓松动	紧固螺栓
	润滑油变质，过滤器堵塞	更换油脂，清扫或更换过滤器
	高速轴与低速轴齿啮合磨损或损坏	检查更换高速轴或低速轴
	电机轴承损坏或磨损	更换轴承

（五）真空泵安全注意事项

1. 运行注意事项

（1）压盖部：使用普通填料时，运行时一般都有少量水从压盖部漏出，压盖不要拧得过紧，以免过热。

（2）轴承：检查轴承温度，如温度超过环境40℃时，说明有异常情况，必须查清原因予以排除。

（3）封水量：封水量过多时，往往会引起泵剧烈振动并使泵发出较大噪声，同时也会引起马达过载，需注意。封水量过少，吸入量就会减少百分之几，但只要不影响整个泵的功能，即使减少封水量，对泵也没有什么大影响，但封水量不可少于除去泵压缩热所需的最低量。封水量的大致标准，只要将泵所用的电动机容量(kW)改为 L/min 即可。如使用 22kW 的电动机最小封水量即为 22L/min。

（4）其他方面：注意声音、振动、压力、电流等，如有异常应立即检查并排除故障。需注意：①从结构上来说，液环式真空泵是会有一些噪声的，但当封水量过多或没有装消音器时，噪声将相当大；②振动大体上都是因泵和电动机连接不良所引起的，但当封水量过多或泵的人口被封闭时，往往也会带来振动；③吸入侧的真空度一定时，电流值基本保持一定。当电流有明显变化时，表示其内部有异常；④吸入真空度超过 − 9.72 ～ − 9.6kPa时，会因虹吸作用而引起噪声，但这不属于机械故障。

2. 停止后的注意事项

长期停止不用时，联轴节、轴的露出部位等要采取防锈措施或排净内部的水，尤其在寒冷的冬天更要注意。不用时，电机也应注意防尘和防潮。另外，长期不用时，最好每周将泵盘车一次，以防止泵腔生锈黏结。

（六）风机类设备常见故障及处理对策(表4−15)

表4−15 风机常见故障原因及处理对策

故障现象	故障原因	处理方法
振动过大	联轴器对中不良，精度超差	用百分表校正同轴度
	轴承损坏、缺油	更换轴承、机油
	地脚螺栓及连接螺栓松动	紧固螺栓
	转子结垢	清洗
	主轴弯曲	校正
	密封间隙过小，磨损	更换、修理
	轴承箱体间隙大	调整
	转子与壳体扫膛	解体调整
气量不足	壳体内部密封磨损、腐蚀	更换密封
	转数下降	检查电源
	叶轮沾有杂质	清洗
	轴封漏	更换修理
	进出口法兰密封不好	更换垫片

故障现象	故障原因	处理方法
电流过高	电机运转周期长,同轴度超差	检查电机绝缘情况,更换轴承,校正同轴度
	风机内部腐蚀、隔板脱落、串气	更换内部零部件,脱焊的进行修补
轴承温度高	油脂过多	更换油脂
	轴承有烧痕	更换轴承
	对中不好	重新找正

(七)塔设备常见故障与对策(表4-16)

表4-16 塔设备常见故障与对策

故障现象	故障原因	处理方法
工作表面结垢	被处理物料中含有机械杂质(如泥、砂等)	加强管理,考虑增加过滤设备
	被处理物料中有结晶析出和沉淀,硬水产生水垢	清除结晶、水垢和腐蚀产物
	设备结构材料被腐蚀而产生的腐蚀产物	采取防腐蚀措施
连接处失去密封能力	法兰连接螺栓没有拧紧	拧紧螺栓
	螺栓拧得过紧而产生塑性变形	更换变形螺栓
	由于设备在工作中发生振动而引起螺栓松动	消除振动,拧紧松动螺栓
	密封垫圈产生疲劳破坏(失去弹性)	更换变质的垫圈
	垫圈受介质腐蚀而损坏	选择耐腐蚀垫圈换上
	法兰面上的衬里不平	加工不平的法兰
	焊接法兰翘曲	更换新法兰
塔体厚度减薄	设备在操作中,受到介质的腐蚀、冲蚀和摩擦	减压使用,或修理腐蚀严重部分,或设备报废
塔体局部变形	塔局部腐蚀或过热使材料强度降低而引起设备变形	防止局部腐蚀产生
	开孔处无补强或焊缝处产生应力集中,使材料的内应力超过屈服极限而发生变形	矫正变形或切割下严重变形处,焊上补板
	受外压,当工作压力超过临界工作压力时,设备失稳而变形	稳定正常操作

续表

故障现象	故障原因	处理方法
塔体出现裂缝	局部变形加剧	裂缝修理(根据裂缝产生的不同原因,采取不同检修方案)
	焊接的内应力	
	封头过渡圆弧弯曲半径太小或未经退火便弯曲	
	水力冲击作用	
	结构材料缺陷	
	振动与温差的影响	
	应力腐蚀	
塔橼越过稳定操作区	气相负荷减小或增大,液相负荷减小	控制气相、液相流量,调整降液管、出入口堰高度
	塔板不水平	调整塔板水平度
塔板上鼓泡元件脱落和腐蚀掉	安装不牢	重新调整、坚固
	操作条件破坏	改善操作,加强管理
	泡罩材料不耐腐蚀	选择耐腐蚀材料,更新泡罩

其他设备如静设备、换热器、废热锅炉等属于常用普通设备,可参见相关资料。

二、煤气净化附属设施安全技术

仪表在煤气净化区域起着至关重要的作用,它检测着生产过程中的温度、压力、流量及液位,并对产品的成分进行分析控制,确保产品的质量。在其仪表设置中,检测温度的有热电阻、热电偶、双金属温度计等;检测压力的有智能压力变送器、隔膜密封式差压变送器、压力表等;检测物位的有钢带液位计、浮筒液位计等;检测流量的有电磁流量计、涡轮流量计、转子流量计、涡街流量计等;分析仪有浓度计、O_2 分析仪、H_2S 分析仪、SO_2 分析仪等。

(一)压力开关

1. 原理与性能

压力开关基于测量元件弹性变形的原理进行工作。其基本构成如图 4—6 所示:测量机构的敏感元件接受压力信号后转换为位移的变化,输出接点将位移的变化转换为微动开关的接点动作,用于联锁或报警系统。

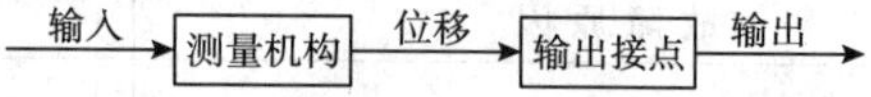

输入 → 测量机构 位移 输出接点 输出 →

图4-6 测量元件弹性变形的原理

主要性能指标:升压基本误差 0.5 级;降压基本误差 0.5 级;两点控制基本误差:0.5 级;降压调整范围 1.10~21.73MPa;升压调整范围 1.37~22MPa;开关压力差动值 0.91MPa;弹簧管机械寿命 10^6 次;接点容量交流 380V,220V,100W;直流 220V,110V,24V,10W;接点寿命交流 10^6 次,直流 $6×10^5$ 次;介质温度 $-50~70℃$;环境温度 $-50~70℃$。

2. 维护保养

日常巡查:向当班操作人员了解仪表运行情况;查看表体连接管路、线路、阀门是否有泄漏、损坏、腐蚀。

日常维护:清洗感压元件;检查感压元件是否锈蚀、变形或损坏;检查微动开关动作是否灵活可靠;若仪表外壳油漆脱落、生锈,应进行除锈防腐工作。

定期维护:每周进行一次仪表外部清洁工作;每月检查一次仪表弹簧管、接线端子、导压管等有无泄漏、腐蚀等情况。

3. 检修要求

(1)技术要求:铭牌应清晰无误;零部件应完好齐全并规格化;可动件动作应灵活;端子接线应牢靠;可调件应处于可调位置;密封件应无泄漏;所配防护、保温设施应完好无损。

(2)使用要求:运行时,仪表应达到规定的性能指标;正常工况下,仪表整定值应在全量程的 20%~80%;接点负载不应超过额定值;仪表不应有误动作或不动作现象。

(3)工作要求:整机应清洁、无锈蚀,漆层应平整、光亮、无脱落;刻度应清晰、字体应规范;仪表管路、线路敷设整齐;线路标号应齐全、清晰、准确;仪表应安装在振动较小的位置上。

(4)管理要求:说明书、合格证、入厂检定书应齐全;运行记录、故障处理记录、检修记录、零部件更换记录应准确无误;系统原理图和接线图应完整、准确;报警、联锁开关整定值及其更改记录应齐全、准确。

4．校准技术

校准周期为 12 个月。

(1)校准仪器：标准压力表(0.25 级)，压力校验台，万用表。

(2)校准接线：校准接线如图 4－7 所示。

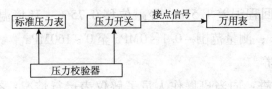

图 4－7　压力表校准接线

(3)升压基本误差校准：缓慢增加压力校验器输出压力值，观察标准压力表示值，微动开关应在所需整定值处动作。若超差，则应旋转调整机构直至合格为止。

(4)降压基本误差校准：缓慢减小压力校验器输出压力值，观察标准压力表示值，微动开关应在所需整定值处动作。若超差，则应旋转调整机构直至合格为止。

(5)两点控制基本误差校准：使用两点准确压力控制时，分别按升压或降压对两个开关单独调整，然后对第一个和第二个微动开关再细调 1～2 次即可。

(6)超负荷试验：加入仪表上限压力值的 1.2 倍做负荷试验，保持 5min，再对仪表进行校准，仪表应达到规定性能指标，否则应重新调整。

5．常见故障及其处理方法

常见故障及其处理方法如表 4－17 所示。

表 4－17　压力开关故障的诊断与排除

现象	原　因	处理方法	现象	原　因	处理方法
接点不动作	截止阀未打开	打开截止阀	动作不正常	感压元件变形或损坏	报废
	截止阀或导压管堵塞	清洗阀门、疏通管道		微动开关接点接触不良	检修或更换微动开关
	微动开关损坏	更换微动开关			

(二)弹簧管压力表

1．原理与性能

弹簧管压力表是基于弹簧管受压变形的原理进行工作。它主要由弹簧管、机芯、示值机构等组成。工作时，机芯将弹簧管自由端的微小线性位移转换成角位移，经放大后传给示值机构，示值机构指示出被测压力的大小。

主要技术性能指标：零值误差 1.5%（有零值限制的除外）；指示基本误差 ±1.5%；回程误差 1.5%；轻敲位移 0.75%；环境温度 −40 ~ 60℃；相对湿度≤80%；测量范围 −0.1 ~ 0MPa 至 0 ~ 160MPa。

2. 维护保养

（1）日常巡查：向当班操作人员了解仪表运行情况；查看压力表指示是否正常；查看表体、连接管路、线路、阀门是否有泄漏、损坏、腐蚀。

（2）日常维护：清洗表内外灰尘及油污；检查压力表接头处有无堵塞；检查传动部位、齿轮机构是否磨损或损坏；检查并拧紧各紧固件；清洗传动部位、齿轮机构，并加注相应的润滑油。

（3）定期维护：每周进行一次仪表外部清洁工作；定期进行压力表排污。

3. 检修要求

（1）技术要求：铭牌及刻度盘应清晰无误；零部件应完好齐全并规格化；紧固件不得松动；可动件动作应灵活；传动齿轮啮合应适宜；端子接线应牢靠（电接点压力表）；可调件应处于可调位置；密封件应无泄漏。

（2）使用要求：运行时，压力表应达到规定的性能指标；正常工况下，压力表示值应在全量程的20% ~ 80%；压力表指示稳定，不得有跳动或卡住现象。

（3）工作要求：压力表应清洁、无锈蚀，漆层应平整、光亮、无脱落；刻度应清晰、字体应规整；仪表管路敷设整齐；线路标号应齐全、清晰、准确（电接点压力表）。

（4）管理要求：说明书、合格证、入厂检定书应齐全；运行记录、故障处理记录、检修记录、零部件更换记录应准确无误；压力表上应贴有有效期范围内的合格标志。

4. 校准技术

（1）校准周期：校准周期为6个月。

（2）校准仪器：标准压力表0.4级；标准真空表0.4级；压力表校验器

（万用表校电接点压力表）。

（3）校准接线：校准接线如图4-8所示。

图4-8 弹簧压力表校准接线

（4）零值误差校准：压力表在升压校准前和降压反向校准后，目测指针与零值分度线的偏差。若偏差超过允许值，应重新定针直至合格为止。

（5）指示基本误差校准：校准按标有数字的分度线进行（包括零值）。改变压力校验器输出压力，使标准压力表指针依次缓慢地停在各个标准分度线上，轻敲表壳后读取压力表示值。在测量上限处耐压3min（重新焊接的弹簧管应耐压10min），然后用相同的方法按原校准点进行反向校准。若误差超过允许值，则调整压力表示值调节螺钉，直至合格为止。

（6）回程误差校准：回程误差校准与压力表指示基本误差校准同时进行。即正向与反向校准时，同一被校分度线上的示值之差，取其中最大值，如误差超过允许值，则应检查处理机芯活动部分，直至合格为止。

（7）轻敲位移校准：轻敲位移校准与压力表指示基本误差校准同时进行。即在正向与反向校准的所有被校分度线上，轻敲表壳所引起的指针位移，取其中最大值，如误差超过允许值，则应检查处理游丝和机芯活动部分，直至合格为止。

5．常见故障及处理办法

常见故障及其处理办法见表4-18。

表4-18 弹簧压力表故障的诊断与排除

现　象	原　因	处理方法
无指标	阀门未打开	打开阀门
	垫圈将引压接头阻塞	取下压力表，疏通后再装上
指示不稳定	管路稍有阻塞	消除阻塞
	指针与表面或玻璃摩擦	消除摩擦

（三）温度开关

1. 原理与性能

温度开关基于电压比较原理进行工作。它的基本构成如图4-9所示。信号处理单元对输入信号进行线性放大处理以适应不同量程需要，设定单元产生一连续可调标准电压设定值，比较触发单元将输入信号与设定值进行比较，驱动单元将比较触发后的信号进行功率放大，用以驱动继电器动作，输出继电器提供接点信号用于联锁或报警系统。

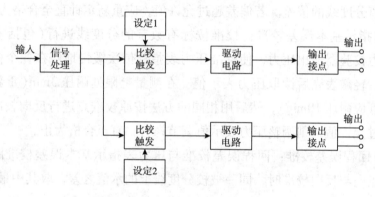

图4-9 温度开关控制图

主要技术性能指标：标尺设定误差±0.2%；重复设定变差±0.1%；灵敏区1%；电源110V AC，220V AC，50～60Hz，8W，20～150V DC（另增变流卡）；输入毫伏或热电偶信号；输出继电器接点；接点容量交流250V，2.2A，100W；直流110V，2A，55W；触头寿命2.5×10^7次；环境温度0～50℃；相对湿度0～90%。

2. 维护保养

（1）日常巡查：向当班操作人员了解仪表运行情况；查看仪表供电是否正常；查看表体连接线路是否损坏或腐蚀。

（2）日常维护：清除表内、外及接插件的灰尘；检查连接导线、电气元件是否有虚焊和脱落。各焊点不应有氧化现象；检查并拧紧紧固件；检查报警或联锁设定值是否正确。

（3）定期维护：每周进行一次仪表外部清洁工作；每周检查一次仪表设定开关位置是否正确。

3．检修要求

（1）技术要求：铭牌应清晰无误；零部件应完好、齐全并规格化；紧固件不得松动；可动件动作应灵活；接插件应接触良好；端子接线应牢靠；可调件应处于可调位置。

（2）使用要求：运行时，仪表应达到规定的性能指标；正常工况下，仪表报警、联锁整定值应在全量程的 20%～80%；继电器接点负载不应超过额定值；仪表不应有误动作或不动作现象。

（3）工作要求：整机应清洁、无锈蚀，漆层应平整、光亮、无脱落；刻度应清晰，字体应规范；仪表线路敷设整齐；线路标号应齐全、清晰、准确；仪表应安装在振动较小的位置；仪表使用环境温度、湿度应符合要求，无灰尘、无腐蚀气体；仪表使用环境应符合防爆等级要求。

（4）管理要求：说明书、合格证、入厂检定书应齐全；运行记录、故障处理记录、检修记录、零部件更换记录应准确无误；系统原理图和接线图应完整、准确；报警或联锁整定值及其更改记录应齐全、准确。

4．校验技术

（1）校准周期：校准周期为 12 个月。

（2）校准仪器：数字电压表：10000V DC；标准电位差计 0.05 级；万用表 2 块。

（3）校准接线：校准接线如图 4－10 所示。

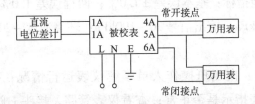

图 4－10　温度开关校准接线图

（4）标尺设定误差校准：将设定旋钮分别调至 0、25%、50%、75%、100% 处，缓慢增加或减小毫伏信号使接点动作，读取毫伏值并记录。若误差超过允许值，则须进行调整。B 通道可用相同的方法进行校准。校准时，输出端万用表改接 4B、5B、6B 端子。

（5）重复设定变差校准：固定输入信号为 50%，缓慢增大（下限报警）

和减小(上限报警)设定值使接点动作。读取设定值并重复 3 次。若误差超过允许值则应对仪表进行清洗调整，直至合格为止。

5. 常见故障及其处理方法

常见故障及其处理方法见表 4-19。

表 4-19 温度开关故障的诊断与排除

现 象	原 因	处理方法
不能设定	电源不正常	检查、送电
接点不动作	信号未介入	检查、接好
	输出未接或接错	检查、接好

(四)浮筒液位变送器

1. 原理与性能

浮筒液位变送器基于力矩平衡原理进行工作。它主要由测量浮筒、扭力管心轴、弓形板、连杆、喷嘴挡板机构、功率放大器及反馈机构组成。测量浮筒将液位的变化转化成扭力管心轴的角位移，连接在心轴上的弓形板的偏转随着扭力管心轴的角位移的变化而变化，并通过连杆转换为挡板的位移，挡板的位移改变了喷嘴的背压，从而实现了位移与压力信号的转换。功率放大器将喷嘴背压信号进行放大，同时通过反馈机构达到新的平衡。

主要技术性能指标：基本误差 ±1.0%；回程误差 1.0%；灵敏度 0.1%；供气气源气压 140kPa；输出信号 20~100kPa；环境温度 -20~70℃。

2. 维护保养

(1)日常巡查：向当班操作人员了解仪表运行情况；查看仪表供气是否正常；查看仪表指示是否正常；查看仪表管路、接头、阀门是否有泄漏、损坏、腐蚀。

(2)日常维护：清洗浮筒并检查腐蚀程度；检查浮子有无裂缝和变形；检查浮筒挂钩支撑点磨损情况；清洗喷嘴、挡板；清洗放大器。

(3)定期维护：每周打扫仪表外部一次；每月打扫仪表内部一次；每 3 个月进行 1 次零位检查；定期在生产操作人员配合下，用无水酒精擦拭仪表喷嘴、挡板。

3．检修要求

(1)技术要求：铭牌应清晰无误；零部件应完好、齐全并规格化；紧固件应牢固可靠；可动件动作应灵活；气路接口无泄漏；可调件应处于可调位置。

(2)使用要求：运行时，仪表应达到规定的性能指标；仪表在检修周期内，正常条件下能可靠运行。

(3)工作要求：整机应清洁、无锈蚀，漆层应平整、光亮、无脱落；仪表管路敷设整齐；管路标号应齐全、清晰、准确；仪表附件应齐全。

(4)管理要求：说明书、合格证、入厂检定书应齐全；运行记录、故障处理记录、检修记录、零部件更换记录应准确无误；系统原理图和管路安装施工图应完整、准确；仪表常数及其更改记录应齐全、准确。

4．校准技术

(1)校准周期：校准周期为 12 个月。

(2)校准仪器：标准压力表 0.25 级，0~160kPa；带标尺的玻璃液位计 1mm(分度)；校准砝码为气动定值器。

(3)校准接线：水校法接线(管)如图 4-11 所示，挂重法接线如图 4-12 所示。

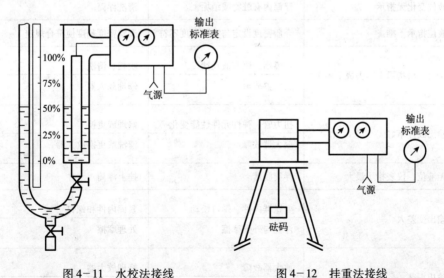

图 4-11　水校法接线　　　　　　　图 4-12　挂重法接线

(4)校准前的准备：仪表气路接好后，调整好气源压力。检查各连接接头处有无泄漏。检查弓形板密度刻度放置是否正确。采用水校法或挂重法，计算出各校准刻度点对应的注水量或挂重砝码质量。

（5）零位调整：排放完浮筒内液体，调整零位弹簧螺钉，使输出指示为 20kPa。如采用挂重法校准（内浮式），应挂上液位在 0% 时相应的砝码，调整零位弹簧螺钉，使输出指示为 20kPa。

（6）范围调整：向浮筒内注入 100% 液位时所对应的水位，或挂上 100% 液位时所对应的砝码，使输出指示为 100kPa。

（7）误差校准：按测量范围 0、25%、50%、75%、100% 等分刻度，依次向浮筒内注入对应的水量或挂上对应的砝码，读出正行程的输出指示，并做好校准记录。按测量范围 100%、75%、50%、25%、0 刻度，依次做反行程校准，并做好校准记录。反复调整零位、范围，使仪表误差符合性能指标要求。

5. 常见故障及其处理方法

常见故障及其处理方法见表4-20。

表4-20 浮筒液位变送器故障的诊断与排除

现 象	原 因	处 理 方 法
液位变化无指示	浮筒内有脏物或结垢	清洗浮筒
液位指示不准	介质密度设定与实际密度不符	调整密度刻度使符合规定
仪表输出指示上不去或下不来	喷嘴堵、恒节流孔堵	吹扫、清洗
	放大器故障	修理放大器
输出线性不好	扭力管、弹性元件性能变化	修理或更换
	放大器故障	清洗或更换放大器
无液位，仪表指示最大	浮筒脱落	挂上浮筒
输出变差大	变送器内件、螺钉松动	紧固内件和螺钉
	浮筒与外壳摩擦	处理摩擦
输出振荡	放大器故障	修理放大器
	反馈螺母松动	上紧并校准仪表

（五）气动远传式转子流量计

1. 原理与性能

气动远传式转子流量计基于流体动力学中的节流装置恒压差原理进行工作。气动远传式转子流量计构成如图 4-13 所示。流量传感器由一根其内径自下往上扩大的金属锥形管和一个在锥形管内随流量变化而上下移动的浮子构成，位移转角变换器通过浮子导杆顶部的磁铁与变换器杠杆上的磁铁进行磁力耦合将浮子的位移变换为指示机构轴的转动（角位移），指示机构将轴的转动通过连杆机构使指针在刻度板上指示瞬时流量值，气动变化器将指示机构轴的转动带动其轴上的挡板运动，经喷嘴挡板气动变换机构把转子位移变换为标准的气动单元信号输出。

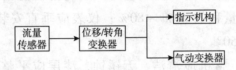

图 4-13　气动远传式转子流量计构成

主要性能指标：基本误差 ±1.5%（用水标定）；气源压力（140±10%）kPa；输出信号 20～100kPa；环境温度 -10～60℃；耗气量 <700L/h；公称通径 6mm、10mm、15（20）mm、25mm、40mm、50mm、80mm、100mm、150mm；最大工作压力 0.4MPa、0.6MPa、1MPa、1.6MPa、2.5MPa、4.0MPa、6.4MPa、10MPa、16MPa、25MPa；被测介质温度 -30～150℃；量程比 10∶1 或 5∶1。

2. 维修保养

（1）每日巡查：向当班操作人员了解仪表运行情况；查看仪表指示，记录是否正常，记录曲线是否断线；查看仪表供气是否正常；查看表体连接管路、阀门是否有泄漏、损坏、腐蚀；测量易结晶介质应检查保温伴热是否正常。

（2）日常维护：清洗表外污物，并进行相应的表面处理；清洗转子，测量锥管、导杆和导轴；检查转子，测量锥管、导杆和导轴，如有损坏、腐蚀应及时处理；清洗和检修机械转动部件，并对转动部件和轴承加少量钟表油；清洗仪表各气路和节流放大元件；检查并紧固各连接件；检查各气路连接件是否有泄漏。

(3)定期维护：每天进行一次仪表外部清洁工作；为保持机械转动部件的运动灵活，每3个月在各转动部件加少量钟表油；每3个月拨动指针在各刻度点上，检查输出信号是否符合相应的气压值；每6个月对恒节流孔、喷嘴挡板机构、气动放大器和过滤器进行清洗；每12个月对浮子、导向杆及其轴承、锥管进行清洗、除垢工作。

3. 检修要求

(1)技术要求：铭牌应清晰无误；零部件应完好、齐全并规格化；紧固件不得松动；可动件动作应灵活；接插件应接触良好；可调件应处于可调位置；密封件应无泄漏；所配防护、保温设施应完好无损。

(2)使用要求：运行时，仪表应达到规定的性能指标；正常工况下，仪表指示值应在全量程的 20% ~ 80%；仪表应垂直安装在无振动的管道上，倾斜度应小于50°。

(3)工作要求：整机应清洁、无锈蚀，漆层应平整、光亮、无脱落；仪表刻度应清晰，字体应规格；仪表管路应敷设整齐；管路标号应齐全、清晰、准确。

(4)管理要求：说明书、合格证、入厂检定书应齐全；运行记录、故障处理记录、检修记录、零部件更换记录应准确无误；仪表常数及其更改记录应齐全、准确。

4. 校准技术

(1)校准周期：校准周期为12个月。

(2)校准仪器：标准流量计0.5级；标准压力表0~160kPa，0.25级。

(3)校准接线：校准接线如图4-14所示。

图4-14　校准接线

(4)气体转换部分校准：将仪表置于校验架上按图所示接好气路，再通以 140kPa 的气源。拨指针从仪表流量刻度的下限值至流量上限值。选定在仪表输出信号范围内均布不少于5点进行正行程校验。然后将指针从流量刻度的上限值减小到下限值且用相同的方法对仪表进行反向校准。若误差超过允许值则按以下方法调整：仪表零位调气动零位弹簧螺母，调指针杆上定位螺丝以改变挡板与指针角度。锉修挡板曲线的零位部分；范围不对时调气动放大器内的定位螺母；仪表输出线性不好则锉修相应挡板部位曲线。调整至如表4-21所示对应值。

表4-21　对应值

指示值/%	0	20	40	60	80	100
输出气压/kPa	20.0	36.0	52.0	67.0	84.0	100.0

5. 常见故障及其处理方法

常见故障及其处理方法见表4-22。

表4-22　气动远传式转子流量计故障的诊断与排除

现　象	原　因	处理方法	现　象	原　因	处理方法
仪表指示和输出信号不变化	浮子被污物卡死	清除污物	输出信号在零或某一位置	发射与接受喷嘴未对齐	检查调整喷嘴的对应位置
	导向杆弯曲	校直导向杆			
	指示机构被卡死	检查机械转动部分，进行处理	输出信号达不到100Pa	喷嘴气路、反馈气路有泄漏	清洗气路、更换相应元件
	挡板被喷雾卡死	检明原因并进行处理更换磁棒	气源压力达不到140kPa	放大器工作不正常	检查放大器或更换元件清洗相应气路
	磁棒失去磁性				
仪表有指示，但输出不变化	气源被喷嘴的气路有堵塞	清洗有关气路或更换相应元件	输出振荡	气路中有较大气阻	清洗相应气路
				输出放大器放大倍数匹配不当	更换放大器
输出信号指示为最大	反馈气路有堵塞	清洗反馈气路		输出气路气容小	在输出气路中加适当大小的气容

（六）变送器

1. 原理与性能

变送器基于自然振荡的卡门旋涡分离型原理进行工作。在介质黏度较大的质量检测中，运用了涡街流量计进行流量信号的检测。涡街流量计主要由涡街流量变送器和显示积算器两部分组成，其构成见图4－15。变送器壳体是流体管道的一部分，由于选择了合适的通径、涡街发生体的形状和尺寸比例，流体在壳体内流动时可在较宽的雷诺数范围内产生稳定的涡街信号。涡街信号检测器将涡街振荡转换成电脉冲信号。输入放大器将微弱的电信号进行放大，并滤除干扰信号。脉冲整形器将不规则的电脉冲变为幅度和宽度一定的方波信号。输出放大器将方波信号功率进行放大，使信号远传到显示仪表。

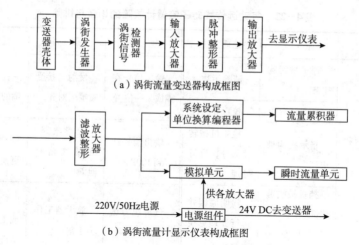

（a）涡街流量变送器构成框图

（b）涡街流量计显示仪表构成框图

图4－15　涡街流量计构成

滤波整形放大器将来自变送器的信号滤除干扰，再对波形进一步整形放大后分两路输出。系数设定、单位换算编程器将电脉冲频率单位除以设定系数(K)，换算成直观的流量单位后送入积算单元进行流量累积数字显示，模拟单元把与流量成正比的电脉冲信号转换成信号后，送入瞬时流量指示单元进行流量指示。电源组件将仪表供电变换成该仪表内部各放大器所需要电源，并送出24V直流稳压电源给变送器供电。模拟量输出涡街流量变送器构成如图4－16所示。

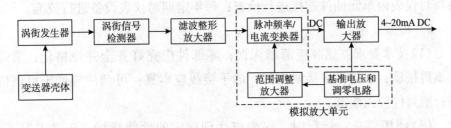

图4-16　模拟量输出涡街流量变送器构成

　　模拟量输出涡街流量变送器与前述变送器基本相同，仅是在变送器放大器中增加了一个模拟放大单元，将方波信号转换为4~20mA直流电流信号输出。

　　主要性能指标：变送器基本误差±0.5%，±1.0%；变送器回程误差≤0.5%，≤1.0%；流量积算基本误差1V。(V。为流量显示单位)；瞬时流量指示基本误差±1.0%；瞬时流量指示回程误差1.0%；仪表公称通径通常为40mm、50mm、80mm、100mm、150mm、200mm；最大工作压力2.5MPa、4.0MPa、6.4MPa、10MPa；被测介质温度0~205℃。

　　线性流量范围见表4-23。

表4-23　线性流量范围

仪表尺寸/mm	流量线性范围/(m^3/h^{-1})	仪表尺寸/mm	流量线性范围/(m^3/h^{-1})
40	2.3~25	100	10.7~170
50	3.1~50	150	23.8~375
80	6.6~100	200	40.9~647

　　2.　维护保养

　　(1)日常巡查：向当班操作人员了解仪表运行情况；查看仪表指示、累积数是否正常；查看仪表供电是否正常；查看表体及其连接件是否损坏和腐蚀；查看仪表外线路有无损坏腐蚀；查看表体与工艺管道连接处有无泄漏；查看仪表电气接线盒及电子元件盒密封是否良好。

　　(2)日常维护：清洗变送器和涡街发生器；检查变送器元件及接线端子；变送器表体清洗防腐；检查清扫显示仪表内部灰尘；检查仪表系数设定及编程数据是否正确。

　　(3)定期维护：定期维护内容包括每周进行一次仪表清洁，清除污物；

每年对仪表内单元插件连接进行检查；每年定期对仪表设备进行校准。

3. 检修要求

（1）技术要求：铭牌应清晰无误；零部件应完好齐全并规格化；紧固件不得松动；插接件应接触良好；端子接线应牢靠；可调件应处于可调位置；密封件应无泄漏。

（2）使用要求：运行时，仪表应达到规定的性能指标；正常工况下，仪表整定值应在全量程的 20%~80%；累积用机械计数器应转动灵活，无卡涩现象。

（3）工作要求：整机应清洁、无锈蚀，漆层应平整、光亮、无脱落；仪表管路、线路敷设整齐，均要做固定安装；在仪表外壳的明显部位应有表示流体流向的永久性标志；管路、线路标号应齐全、清晰、准确。

（4）管理要求：说明书、合格证、入厂检定书应齐全；运行记录、故障处理记录、检修记录、零部件更换记录应准确无误；系统原理图和接线图应完整、准确；仪表常数及其更改记录应齐全、准确；防爆型仪表生产厂产品必须有防爆鉴定机关颁发的防爆合格证；应有完整的累积器的设定（或编程）数据记录。

4. 校准技术

（1）校准周期：校准周期为 12 个月。

（2）校准仪器：脉冲信号发生器：0.5 级（频率范围 0~5kHz 连续可调，输出脉冲峰峰值在 1~20V 内可调）。标准数字频率计 0.2 级；标准直流电流表 0.1 级；标准计时器 1s 刻度的秒表或数字钟；标准数字计数器 0.2 级（计数容量大于五位十进制数）。

（3）校准接线：显示及积算仪的校准接线如图 4-17 所示。

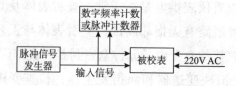

图 4-17 显示及积算仪的校准接线图

（4）瞬时流量的校准：根据涡街流量变送器的仪表常数（即单位体积脉冲数）和仪表最大流量范围，计算出仪表各校验点对应的信号脉冲频率。

首先调准指针的机械和电气零位。调节脉冲信号发生器的输出幅度，达到仪表对信号幅值要求。再调节该信号发生器的频率，直到数字频率计上所指示的频率为仪表校验点所要求的频率为止。输入信号，上升和下降各校验点不低于 5 点。若误差超过允许值，则调整模拟单元的电气零位电位计和范围电位器，直到合格为止。

（5）累积器的误差校准：按照仪表的流量检测范围，选择 3 ~ 5 个流量检测点，其累计时间可任选，如 10min、30min、60min 等。校验前应检查其累积的流量系数和单位换算的设置或硬件和软件的编程是否符合运行使用的要求。然后由信号发生器送一个流量检定所需脉冲频率，并同时计累积时间，记录累积数。重复做 1 ~ 2 次。选另一个流量检定点再重复前面步骤，并根据检验记录进行积算误差计算。

5. 常见故障及其处理方法（表 4-24）

表 4-24　涡街流量计故障的诊断与排除

现　象	原　因	处理方法
显示仪表不工作	仪表电源插头接触不好	重新插好插头座
	保险丝烧坏	更换保险丝
瞬时显示无指示	显示仪表断线或损坏	更换相同备件
	f/I 变换单元故障	检修更换 f/I 变换单元
	显示仪表前放单元故障	检修更换相应单元
	旋涡变送器无输出信号	检修或更换变送器
流量累积计数器不动作	计数器字轮机构不灵活或卡死	清洗计数器齿轮或更换计数器
	计数器线圈断	重新绕制线圈或更换相同备件
	系数设定和编程器组件电源故障	检修相应组件电路或更换相应元部件
	显示表前放组件电路故障	检修相应组件电路或更换相应元部件
	旋涡变送器无输出	检修或更换变送单元
旋涡变送器无信号输出	变送器未得到 24V DC 电源	检修显示仪表的 24V DC 供电单元
	变送器接线端子松脱或断线	重新紧固端子螺钉或重新接线
	变送器放大器故障	检修相应部件或更换相应备件
	涡街信号检测器损坏	更换相应部件
	旋涡发生体结垢	清洗旋涡发生体

续表

现　象	原　因	处理方法
旋涡变送器输出信号不稳	旋涡发生体和仪表测量管结垢或堵塞	清洗变送器
	变送器各放大器插件接触不好	清洗插头及插座,重新插好组件板
	工艺介质未充满测量管或测量介质内有气相物料	查工艺原因

（七）涡轮流量计

1. 原理与性能

涡轮流量计基于电磁感应原理进行工作。其基本构成如图4-18所示。传感器将工艺介质流量转换成脉动电势信号,前置放大器将传感器的脉动电势信号放大整形为脉冲信号,f/I变换器将脉冲信号转换成$4 \sim 20mA$的模拟信号,指示仪表显示工艺介质的瞬时流量,数字累积机构对流量进行累积计数。

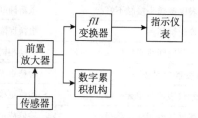

图4-18　涡轮流量计

主要性能指标:基本误差$\pm 0.5\%$;回程误差0.5%;输入信号最小幅值$2.8Vp - p$(脉冲占空系数在$12.5\% \sim 50\%$);最大频率$2.7kHz$;模拟输出$4 \sim 20mA$;环境温度$4.5 \sim 52℃$;计数位6位。

2. 维护保养

（1）日常巡查:向当班操作人员了解仪表运行情况;查看仪表指示;查看仪表供电是否正常;查看表体是否有泄漏、损坏、腐蚀。

（2）日常维护:清除显示仪表内、外灰尘;检查所有接线端子、接插件是否良好;检查电缆绝缘电阻;检查传感线圈有无磨损、损坏;检查涡轮轴承有无磨损,清洗涡轮。

（3）定期维护:每周进行一次仪表外部清洁工作;每6个月对机械计

数器注 1 次润滑油。

3. 检修要求

(1)技术要求：铭牌应清晰无误；零部件应完好齐全并规格化；紧固件不得松动；可调件应处于可调位置；可动件动作应灵活；插接件应接触良好；端子接线应牢靠；密封件应无泄漏；所配防护、保温设施应完好无损。

(2)使用要求：运行时，仪表应达到规定的性能指标；正常工况下，仪表示值应在全量程的 20% ~ 80%；仪表示值应与单位时间积算的量一致。

(3)工作要求：整机应清洁、无锈蚀，漆层应平整、光亮、无脱落；刻度应清晰，字体应规范；仪表管路应整齐；线路标号应齐全、清晰、准确。

(4)管理要求：说明书、合格证、入厂检定书应齐全；运行记录、故障处理记录、检修记录、零部件更换记录应准确无误；系统原理图和接线图应完整、准确；仪表常数及其更改记录应齐全、准确。

4. 校准技术

(1)校准周期：校准周期为 12 个月。

(2)校准仪器：标准电阻箱 0.1 级；标准直流电流表 0.1 级；标准直流电压表 0.1 级；频率计数器 6½ 位；脉冲信号发生器。

(3)校准接线：校准接线如图 4－19 所示。

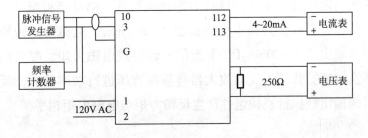

图 4－19 校准接线

(4)校准方法：首先按选定的工程单位预先选定好仪表校正系数，频率－电流转换器的校准：输入频率为 0 时，调整零位电位器，使电压表指示为 1.0V，此时输出电流为 4mA。输入频率为上限值时，调整范围电位器，使电压表指示 5.0V，此时输出电流为 20mA。

5. 常见故障及其处理方法

常见故障及其处理方法见表 4-25。

表 4-25　涡轮流量计常见故障及其处理方法

现　象	原　因	处　理　方　法
显示仪表不指示和不计数	变送器至显示仪表之间连接有短路或断开	排除短路或开路故障
	电磁感应转换线圈断	更换线圈
	涡轮被污物卡住不转动	清洗涡轮
	输入端接地	检查绝缘
显示仪表工作不稳定	有外磁场干扰	接好地线
	叶片被杂物挂住	清洗涡轮
	轴承磨损太	更换轴承
显示仪表不准确	频率过低	调整频率
	频率转换器不准确	重新校准
	仪表常数选择不当	重新设定 K 值
计数器跳字不灵活	计数器回零不好	重新复位
	机械部分卡住	排除卡住部分
	机械部分有摩擦	活动部分加少量的润滑油

(八)电气阀门定位器

1. 原理与性能

电气阀门定位器主要由(电磁)力矩转换组件、喷嘴挡板组件、放大组件、反馈凸轮等组成，其基本构成如图 4-20 所示。电磁力矩转换组件部分将调节器输出的 4～20mA DC 电流信号转换成电磁力矩，喷嘴挡板机构将扭矩转换成喷嘴背压，气动放大器将喷嘴背压进行功率放大，反馈组件将放大器的输出经执行机构组件产生反馈力矩与电磁力矩相平衡。

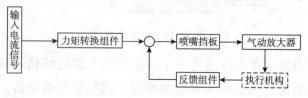

图 4-20　电气阀门定位器构成图

主要性能指标：基本误差 ±1%；回程误差 1%；灵敏度 0.1%；输入信号 4～20mA DC；输出信号 20～100kPa（或 40～200kPa）；阀杆行程 10～80mm；气源压力 140kPa（或 240kPa）；环境温度 −20～80℃；环境湿度 5%～95%；线圈电压 1～6.5V DC；线圈电感 4.8H；气源波动 ±0.1%；绝缘电阻不小于 20MΩ；耗气量 32L/min（单座），8.5L/min（双座）；反应时间 <7s。

2. 维护保养

（1）日常巡查：向当班操作人员了解仪表运行情况；查看仪表供气是否正常；查看仪表连接管路、线路是否有泄漏、损坏、腐蚀；表内是否有异常气味和杂音；定位器在运行中的输出信号压力与阀门开度是否一致。

（2）日常维护：清除表内外灰尘、油污；对传动、转动部件清洗并加注相应的润滑油。检查并拧紧各紧固件；与调节阀进行联动校验；对定位器配线导管整理排列，横平竖直，接头紧固无泄漏。

（3）定期维护：每天进行一次仪表外部清洁工作；每月在操作工的配合下，对气源过滤器减压阀排污一次；每 3 个月向定位器反馈传动轴加注相应的润滑油；每 6 个月进行一次仪表内部清洁工作，清除表内灰尘，油污。

3. 检修要求

（1）技术要求：铭牌应清晰无误；零部件应完好齐全并规格化；紧固件不得松动；可动件动作应灵活；端子接线应牢靠；可调件应处于可调位置；密封件应无泄漏；所配防护、保温设施应完好无损。

（2）使用要求运行正常：运行时，仪表应达到规定的性能指标；调节质量应满足工艺要求；在正常条件下，在检修周期中能可靠地运行；定位器应达到铭牌要求，动作灵敏，控制效果良好。

（3）工作要求：整机应清洁、无锈蚀，漆层应平整、光亮、无脱落；仪表管路、线路敷设应整齐；管路线路标号应齐全、清晰、准确；定位器周围环境清洁，不应有跑冒滴漏腐蚀性气体。

（4）管理要求：说明书、合格证、入厂检定书应齐全；运行记录、故障处理记录、检修记录、零部件更换记录应准确无误；系统原理图和接线图应完整、准确；定位器正反作用及其更改记录应齐全、准确。

4. 校准技术

校准周期为 12 个月。

（1）校准仪器：电流信号发生器 0.25 级；校准电流表 0.1 级；校准压力表 0.25 级；过滤器减压阀。

（2）校准接线：校准接线如图 4-21 所示。

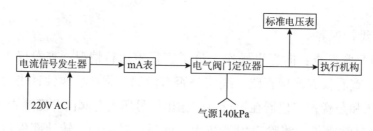

图 4-21　校准接线

（3）基本误差校准：输入 4mA DC 电流信号，输出气压信号为量程的最低点。若误差超出允许值，可用调零螺钉调整，直至合格为止。输入 20mA DC 电流信号，输出气压信号为量程的最高点。若误差超出允许值，可用调零螺钉调整，直至合格为止。反复调整零点、量程范围，直至合格为止。分别输入 5 个等分点电流信号，定位器最大误差不得超过允许值。

（4）回程误差校准：回程误差校准与定位器基本误差校准同时进行，对同一输入信号在正、反行程中，回程误差不得超出允许值。

（5）不灵敏区校准：分别在信号为 8mA DC、12mA DC、16mA DC 的行程处，增大或减小信号压力。当输出标准压力表变化时，相应的输出变化值误差不得大于性能指标。

5. 常见故障及其处理方法

常见故障及其处理方法如表 4-26 所示。

表 4-26　电气阀门定位器故障的诊断与排除

现　象	原　因	处 理 方 法
气源压力波动	减压阀内有污染	消除污物
	输出气量小，反馈力大	消除堵塞，增大输出量
	磁电转换部分有摩擦	消除摩擦

续表

现　象	原　因	处理方法
有输入信号，但输出气压小或没有	放大器有故障	检修放大器
	气阻堵塞	用0.12mm通针疏通节流孔
	喷嘴挡板平行度不好	重新调整
	信号线接触不良	检查接线，消除脱落
	线圈短路	更换线圈
有输入电流信号，而执行机构不动作	力矩转换线圈断线	更换力矩转换线圈
	力矩转换线圈错动	更换力矩转换线圈
	供气压力不符合要求	调节减压阀供气
	连接错误	参照外部管路连接
无输出压力	恒节孔堵塞	疏通恒节流孔
	喷嘴挡板污浊	清洗喷嘴挡板接触面
	喷嘴挡板安装不良	喷嘴应对准挡板中心线
	凸轮安装不良	重新安装
	起始点调整不良	拧紧调零簧
	放大器故障	更换放大器
	恒节流孔中"O"形圈损坏	更换"O"形圈
输出不稳定	放大器、气阻，或背压管路有污物	消除污物
	调节阀杆摩擦力过大	消除摩擦
	膜头阀杆与膜片有轴向松动	消除松动
	输入信号交流分量过大	消除交流分量
	放大倍数太高	重新调整
输出压力不下降	继动器故障	更换继动器
	恒节流孔未拧紧	拧紧恒节流孔
线性度不好	喷嘴挡板平行度不好	重新调整
	背压漏气	消除漏气
	膜头径向位移大	重新检修
	调节阀本身线性差	重新调整
	可动部件有卡碰现象	重新调整，消除卡碰
	紧固件松动	消除松动
	放大器有污物	消除污物
回差大	力矩转换线圈支点错动	更换力矩转换组件
	紧固螺钉松动	消除松动
	喷嘴挡板安装不合适	挡板应对准喷嘴中心线

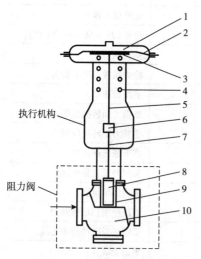

图4-22　气动薄膜套筒调节阀

1-薄膜气室；2-膜片；3-硬心盘；4-弹簧；
5-推杆；6-联结组件；7、8-调节阀
杆组件；9-套筒组件；10-底座

（九）气动薄膜套筒调节阀

1. 原理与性能

调节阀的执行机构基于力平衡原理进行工作，调节阀基于流体节流原理进行工作。调节阀主要由执行机构及阻力阀两大部分组成，如图4-22所示。

气动控制信号进入薄膜气室，在膜片上产生的推力使硬心盘移动，此推力与弹簧的反作用力相平衡。硬心盘的移动带动推杆移动，同时也通过联结组件带动了调节阀杆组件，相对于套筒组件直线移动，改变了套筒窗口截面积大小，进而改变了阀的阻力系数，控制调节了工艺参数。

主要性能指标：基本误差±5%（带定位器为±1.5%）；回程误差3%（带定位器为1.5%）；不灵敏区3%（带定位器为0.6%）；泄漏量不得低于Ⅳ级；公称通径25～300mm；公称压力1600kPa；弹簧范围20～100kPa；信号压力20～100kPa；温度范围-40～250℃。

薄膜气室密封性：将0.25MPa气源输入薄膜气室中，在5min内薄膜气室内压力降低值应不大于2.5kPa。

填料函及其他连接处的密封性：套筒阀的填料函及其连接处应保证在1.1倍公称压力下无渗漏现象。

2. 维护保养

（1）日常巡查：向当班操作工了解调节阀运行情况；查看调节阀或定位器供气压力及气源净化情况是否正常；调节阀在手动位置时观察调节阀杆是否仍有上下移动现象，如有则应检查调节阀执行机构，发现问题应及时处理；用听诊探棒置于阀杆处，探听阀芯、阀座在动态运行中是否有异常杂音和较大的振动；查看执行器、调节阀各动静密封点有无泄漏；检查各部分接管、接头是否有松动及腐蚀。

(2)日常维护：整机清除锈垢，凡不需要涂防腐漆的金属部件都要做到光亮洁净见本色。待整机组装调试完毕后，应将需喷涂防腐漆的部位按照部颁色标要求防腐。对不应喷涂的部件，如铭牌、阀杆、行程标尺及螺栓等应用油脂保护起来。防腐完毕应清洗干净。

紧固螺钉及螺栓检查：对于膜头紧固螺钉、上下阀体螺栓及管道两侧法兰固定螺栓、螺母要进行详细的外观检查。特别是高温、高压螺栓要检查丝扣是否变形，直径、长度是否改变，是否有裂痕，否则应予更换新备件。

(3)执行机构部件检查：首先检查膜片的老化情况。用手将膜片折叠起来肉眼观察是否有细小裂纹或者出现橡胶和内层纤维相互剥离的情况，如有则说明膜片已趋老化，需更换新膜片。在上下膜头盖与推杆硬芯周边接触的膜片部位，如发现有裂痕和硬伤也应及时更换。外观检查膜头输出推杆密封"O"形环是否磨损。用手伸拉环是否具有弹性，否则应予以更换新备件。如果环境温度大于60℃时，膜片3年、"O"形环1年就应定期更换1次。

(4)阀塞、套筒组件的检修检查：首先检查阀塞和套筒的气蚀状态，如果密封面气蚀深度小于0.5mm左右时可用研磨砂(一般用200～400目)相互研磨，研磨时需用对中胎具，防止不对中心。如果气蚀深度在1～2mm时应上车床加工后再行研磨。阀塞和阀杆应在车床上进行对中检查，如发现阀杆变形弯曲，应在平台上检查，如对中偏差超过允许值且调整困难时应更换新的阀杆。检查阀杆柔性密封活塞环，如发现磨损变形则更换备件。用游标卡尺检查阀塞和套筒，如发现变形则需要更换新的备件。阀塞与套筒间隙配合检查时将阀塞插入套筒，提起阀杆时，套筒靠重力自然均匀下滑，说明间隙配合适当。

(5)密封部件检修：首先应清理密封部件的腔体，如是油脂润滑密封，则需将分布在挡油环、油枪内的结垢清洗干净。如果是用填料密封，则采用符合规格的定型填料。一般蒸汽调节阀采用油浸石墨。对于腐蚀性介质，如尿素、氨等宜采用定型四氟填料。介质压力高于10MPa以上应采用不锈钢丝加强定型填料。装填料时应提拉阀杆上下活动，以利于均匀地减小填料造成的摩擦。压紧螺钉留出 3 扣即可。

(6)上阀体部件检修：需检查导向部件的磨损，如测量出导向套筒磨损或变形大于 1.0mm 时应更换新的备件。

(7)下阀体检修：主要检查阀体内部冲刷，腐蚀、气蚀及机械损伤情况。对于一些使用高压、高温、压差较大的阀应定期对阀体进行射线探伤和测厚，以便进一步确定其使用年限。检修拆卸后，阀门的全部密封垫都应重新更换，旧垫片一律不应再使用。工艺介质温度高(大于 300℃)、压力高(大于 10MPa)的调节阀，其与工艺连接两侧的法兰垫，应采用齿形钢垫及多层绕型垫。

(8)检修后阀门的组装：组装前应对调节阀的全部元件进行一次检查，以保证品种、数量和质量都达到新产品的要求。组装顺序应自下而上，先组装阀体部分。阀体腔内清洗擦净后，将套筒、垫、阀塞依次放入压紧，加入的垫上应涂以二硫化钼。上阀体盖上螺钉固定后，用手提拉阀杆，检查是否有摩擦现象，如有，可适当调整上阀盖位置，然后紧固螺钉。在加装填料过程中，要提拉阀杆，保证填料装得充实均匀，同时减小静摩擦力。执行机构支架固定好后，阀杆推至关闭位置，然后固定行程指针于行程标尺 0% 的位置。膜头安装就位时应保证膜头输出推杆与调节阀杆对中后再用连接组件固定。如不对中，可用膜头固定螺钉调整。膜片与硬芯固定时应注意螺钉帽加防松垫，另外应保证膜紧固平整，防止气信号泄漏。所有紧固螺钉和螺栓装配前都应涂上二硫化钼，利于下次检修拆卸。

(9)定期维护：每班进行一次调节阀外部清洁工作；每月对阀杆密封填料盖的松紧情况进行调整，以确保不泄漏工艺介质；每月给带有注油器的调节阀补充密封脂；在工艺人员配合下，每 3 个月对气源过滤器排污 1 次。

3. 检修要求

(1)技术要求：铭牌标志应清晰、准确；零部件应齐全、完好并规格化；紧固件不得松动；手轮机构及可动部件动作应灵活可靠；执行机构及阀门的密封性部位应无泄漏；整机应无锈蚀，防腐漆层应平整，无剥落损伤。

(2)使用要求：投入运行时，调节阀工作质量满足工艺要求，达到规定的性能指标；所配用的执行机构、定位器的信号压力及供气压力要符合规定要求；阀位指针、阀门标尺应规整清楚；所配保温、保冷设施应完好无损。

（3）工作要求：整机应清洁、无锈蚀，漆层应平整、光亮、无脱落；刻度应清晰，字体应规格；仪表管路、线路敷设应整齐；线路标号应齐全、清晰、准确；仪表应安装在振动较小的位置上。

（4）管理要求：整机的说明书、合格证、入厂检定书要齐全；运行记录、故障处理记录、检修记录、校准记录、零部件更换记录应准确无误；调节阀的节流部件的材质及热处理要求应有详细资料记载；易损部件的加工图纸应齐全、准确。

4．校准技术

校准周期为 12 个月。

（1）校准仪器：标准压力表 0.25 级，0～0.16MPa；普通压力表 1 级，0～1.0MPa；气动定值器输出压力 0～0.14MPa。

（2）校准接线：校准接线如图 4-23 所示。

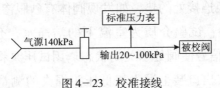

图 4-23　校准接线

（3）基本误差校验：校准不少于 5 个等分点：0，25%，50%，75%，100%。当带有手轮装置时，应将手轮置于中间位置，使调节阀杆处于"自控"状态。将规定的 100MPa 的输入信号平稳地加入气动薄膜执行机构气室（或定位器），阀杆行程指针应在行程标尺刻度的 0 上，否则就要调整调节阀的平衡弹簧或者在定位器范围调整元件。将 20kPa 的压力信号输入气动薄膜执行机构气室（或定位器），阀杆行程指针应在标尺刻度的 100%，否则调整定位器的零位调整元件。依次缓慢地将其余各点的信号输入调节阀气室或定位器中，观察其行程指针与标尺刻度是否对应，否则应进行反复调整，直至达到允许的误差范围。

（4）回程误差校准：回程误差校准与基本误差校准可同步进行。即在同一输入信号下所得的正反行程的最大差的绝对值应小于规定值，否则应调整填料函的松紧度或者重新按正确的方法加填料。如果仍然超差就需重新装配及更换合格的弹簧、膜片。

（5）不灵敏区校准：不灵敏区校准可在输入信号量程内的25%、50%、75%这3点上进行。缓慢地增加输入信号，直到观察出一个可察觉的行程变化，记下这时的输入信号值。按相反的方向重复上述试验，记下输入信号值，这两次试验的信号值之差，即为不灵敏区。取以上3点的最大值，其值不得超过指标规定数据，否则应检查填料、杆薄膜输出部件及阀芯导向套是否安装对中并予以清除。

（6）执行机构气室密封试验：试验介质是洁净的仪表空气，压力为250kPa。将空气输入气室中后切断空气压力源。在5min内气室内的压力降低值不应大于2.5kPa。否则应用肥皂水查出泄漏点，并予以彻底清除。

（7）填料函及其他连接处密封性试验：试验介质是清洁的室温水，压力为1.1倍公称压力。用试压泵将水按阀入口流向压入阀体，出口用盲法兰加垫密封。同时使阀杆每分钟作1～3次往复动作，持续时间不少于5min。观察阀体、填料函及其他连接有无渗漏现象，老有渗漏现象需重新更换紧固填料，更换连接处的垫，如发现阀体有砂眼渗漏，则应更换阀体。

（8）泄漏量试验：试验介质为室温下的洁净水，介质压力为350kPa。向气室加入120kPa信号使阀处于关闭状态。用试压泵将水按照阀的流向压入阀体并稳定压力。出口装上通大气低压头损失的测量装置。如果测取的泄漏量大于允许值，则需检查阀芯与阀座配合是否严密和对中，阀芯、阀座应重新研磨和装配。

5. 常见故障及其处理方法

常见故障及其处理方法见表4-27。

表4-27 气动薄膜套筒调节阀故障的诊断与排除

现 象	原 因	处 理 方 法
输入信号压力后调节阀杆不动作	调节阀气源压力不够	调整至规定压力值
	信号管及接头泄漏	查找漏点予以清除
	膜片破裂漏气	更换新规格膜片
	膜片与推杆之间固定螺钉松动	重新固定，并采取防松措施
	推杆处的"O"形环老化损坏	重新更换新的"O"形环
	阀杆变形，导向套配合过紧	更换阀杆，对导向套重新加工

续表

现　象	原　因	处理方法
调节阀工作时不稳定，呈周期性波动	泄漏严重	检查"O"形环及膜片予以更换
	定位器调整元件松动并产生摩擦	找出松动部件紧固并加油润滑
	执行机构平衡弹簧老化或者弹簧选择不当	更换新的弹簧
	PID 参数整定不当	可根据调节阀曲线的变化进行整定
	过滤器减压阀工作不稳	清理或检修减压阀
阀杆振荡并伴有噪声	调节阀流通能力选择不当，使阀门经常处于小开度	重新计算工艺参数量，选择合适的流通能力
	平衡弹簧刚度不合适	重新调整
	阀芯与阀杆穿销松动，阀杆即将断裂	更换新的阀芯、阀杆
阀动作迟缓跳跃	套筒与阀塞结垢或有硬物摩擦	解体检查，清除垢物
	膜片有裂纹及密封"O"形环漏气	更换膜片及"O"形环
阀杆有动作但工艺参数不变	阀芯、阀杆脱落	解体检查，更换新的阀芯、阀杆
	有污物堵塞	解体检查，清除堵塞物
阀达不到全关位置	介质工作压力大于执行机构推力	适当提高气源压力或更换执行器
	阀内有硬物，阀芯关不到位	开大阀，冲走或解体取走硬物
调节阀泄漏量大	阀塞与滚筒密封面气蚀严重	密封面研磨，或喷焊、车光密封面
	阀塞与下阀密封垫损坏	解体检修、更换垫片

（十）气动长行程执行机构

1. 原理与性能

气动长行程执行机构基于位移平衡原理进行工作。它主要由定位器、气缸、支架、输出轴、手操机构和外壳组成，如图4－24所示。定位器实现对输入信号的压力和功率放大，气缸将输入信号的变化转化成活塞的位移，输出轴将活塞的位移转化成输出角位移，外壳保护内部零部件用于较恶劣的

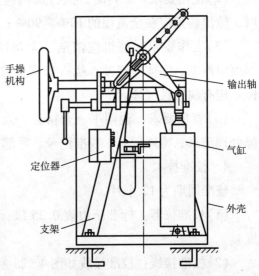

图4－24　气动长行程执行机构结构

手操机构　输出轴　气缸　外壳　定位器　支架

环境，支架起支撑作用，手操机构的转动实现输出轴的转角变化。

主要性能指标：基本误差 ±1.5%；回程误差 1%；不灵敏区 <0.6%；气室密封性规定压力下不得泄漏。输入信号 20～100kPa；输出转角：0°～90°；公称力矩：250N·m；静态耗气量：1500L/h；环境温度：−20～55℃。

2. 维护保养

(1)日常巡查：向当班操作人员了解执行机构运行情况；查看供气是否正常及气源净化情况；查看各连接处的密封情况；查看执行机构运行是否灵活、有无杂音。

(2)日常维护：消除执行机构内的灰尘、油污；对传动部件加注相应的润滑油；检查各气路信号管是否有虚接、脱落；检查并拧紧紧固件。检查执行机构的气密性装置；气路连接管线内的脏物用压缩空气进行吹扫。

(3)定期维护：每班进行一次执行机构外部清洁工作；每 3 个月给支架轴承加黄油润滑；每 6 个月用汽油清洗手轮机构的污垢。

3. 检修要求

(1)技术要求：铭牌应清晰无误；零部件应完好齐全并规格化；紧固件不得松动；可动件动作应灵活；可调件应处于可调位置；密封件应无泄漏。

(2)使用要求：运行时，执行机构应达到规定的性能指标；正常工况时，输出转角应在全量程的 10%～90%；调节质量应满足工艺要求。

(3)工作要求：整机应清洁、无锈蚀。漆层应平整、光亮、无脱落；刻度应清晰，字体应规整；执行机构管路、线路敷设应整齐；执行机构周围不应有腐蚀性气体。

(4)管理要求：说明书、合格证、入厂检定书应齐全；运行记录、故障处理记录、检修记录、校准记录、零部件或整机更换记录应准确无误。

4. 校准技术

校准周期为 12 个月。

(1)校准仪器：标准压力表 0.25 级；减压阀 500kPa；刻度板 0.10(分度)。

(2)校准接线：校准接线如图 4－25 所示。

(3)基本误差校准：输入 20kPa 的气压信号，调整定位器调零机构，使输出转角为 0°。输入 100kPa 的气压信号，调整定位器的范围调整件，使输出转角为 90°。反复调整零位与范围，直至合格为止。分别输入 5 个等分点的压力信号，其最大误差不得超过允许值，否则调整定位器反馈弹簧。

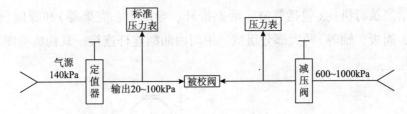

图 4-25　校准接线

（4）回程误差校准：回程误差校准与基本误差校准同时进行。即同一标尺刻度下正向、反向输入信号的实测值之差的绝对值不得超过其指标，否则检查反馈弹簧。

（5）气密性校准：在输入回路中加 15kPa 气压，历时 10min，不得有泄漏；在供给回路中加 700kPa 气压，历时 10min，不得有泄漏。否则应检查各密封处的密封情况直至不漏气为止。

5. 常见故障及其处理方法

常见故障及其处理方法见表 4-28。

表 4-28　气动长行程执行机构故障的诊断与排除

现　象	原　因	处 理 方 法
执行机构不动作	信号管脱落不能充压	检查连接好信号管接头
	气源不清洁	用压缩空气进行吹扫
	气缸中"O"形环老化，损坏	更换新的"O"形环
	定位器线性变差过大	检修定位器
	弹簧老化	更换新的弹簧
执行机构动作，但很迟钝	阀塞及阀套有污垢	用汽油清洗
	支架轴承转动不灵活	加黄油润滑
	气缸漏气	更换橡胶密封件
	气缸壁结垢	清洗气缸壁及活塞槽
	输出轴和滑块上的轴承不灵活	加相应的润滑油润滑

（十一）气动蝶阀

1. 原理与性能

气动蝶阀气动执行机构基于力矩平衡原理进行工作。它主要由 ZSC 型气动活塞执行机构（包括气缸、活塞推杆、导向套、支架等）和蝶阀（包括阀体、阀板、轴等）两大部分组成，中间由曲柄连杆连接。其构成简图见图 4-26。

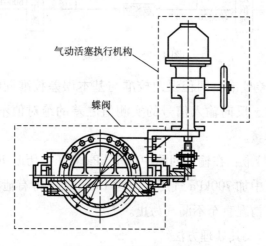

气动活塞执行机构

蝶阀

图 4-26　气动蝶阀结构

气动活塞执行机构依据力矩平衡原理将输入信号转换成一定比例的推杆位移。执行器推杆位移通过瞠柄连杆转换成阀板的转角变化，改变了蝶阀的流通截面积，实现对工艺介质流量的调节。

主要性能指标：基本误差 ±2.5%；回程误差 2%；气密性 500kPa 气压下，5min 压力下降不超过 5kPa；公称通径 50～1000mm；公称压力 500kPa；信号压力 20～100kPa；流量特性近似等百分比；转角 0°～90°；介质温度 20～200℃；气源压力 500kPa。

2. 维护保养

（1）日常巡查：向当班操作人员了解蝶阀运行情况；查看阀门气源供气压力是否正常及气源净化情况；观察蝶阀在自动控制信号作用下开度有无变化；检查各部分连接接头腐蚀及密封情况；检查阀门是否有泄漏、损坏、腐蚀；检查运行的阀门是否有杂音、振动；观察翻板转动是否灵活；发现问题及时处理，并做好巡回检查记录。

（2）日常维护：清除蝶阀外表灰尘、油污、锈蚀，按规定颜色涂漆防腐；解体检修的蝶阀、密封环、填料及垫片一律更换新件；阀座有碰伤、蝶板有划伤要更换或修复；检查气缸是否有划痕；检查蝶板与转轴之间的连接销子是否松动或断裂。

（3）定期维护：每班进行一次蝶阀外部清洁工作；每月给运动零件及注油器加油；每3个月检查1次密封环及各部分连接接头密封及腐蚀情况；每6个月对蝶阀供气系统过滤器减压阀排污1次。

3. 检修要求

（1）技术要求：铭牌应清晰无误；零部件应完好、齐全并规格化；紧固件不得松动；可调件应处于可调位置；可动件动作应灵活；密封件应无泄漏。

（2）使用要求：运行时蝶阀应达到规定的性能指标；调节质量应满足工艺要求。

（3）工作要求：整机应清洁、无锈蚀，漆层应平整、光亮、无脱落；刻度标线应清晰，字体应规整；蝶阀管路、线路敷设应整齐；环境清洁，无跑、冒、滴、漏腐蚀性气体现象。

（4）管理要求：技术资料齐全、准确，符合管理要求，即：运行记录、故障处理记录、检修记录、校准记录、零部件更换记录应准确无误；蝶阀整机更换记录应齐全、准确。

4. 校准技术

校准周期为12个月。

（1）校准仪器：标准压力表0.4级；气动定值器输出20～100kPa。

（2）校准接线：校准接线如图4-27所示。

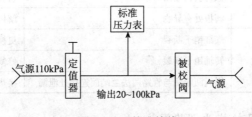

图4-27 校准接线

（3）基本误差校准：校准应不少于5个等分点。调整定值器输出为20kPa，调整定位器的零位弹簧，使指针指示为0刻度。调整定值器输出为

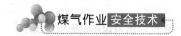

100kPa，使指针指示为100%刻度。调整蝶阀连接杆，使蝶阀转角与刻度指示一致。分别输入个校准点所对应的压力信号，基本误差应符合性能指标要求。

（4）回程误差校准：回程误差校准与基本误差校准同步进行。即同一标尺刻度下正向、反向输入信号的实测值之差的绝对值为蝶阀回程误差，该误差不得超过性能指标。

（5）气密性校准：将500kPa的气压输入气缸的每一气室中，切断气源，5min内每一气室内压力降低值不应超过5kPa。

5. 常见故障及其处理方法

常见故障及其处理方法，见表4－29。

表4－29　气动蝶阀故障的诊断与排除

现　象	原　因	处　理　方　法
输入信号不动作	信号管脱落或漏气	接好信号管、消除泄漏
	活塞环破裂	更换新件
	转轴弯曲	更换新件
	没有气源	供上气源
阀动作但不稳定	供气压力不足	调整气源压力
	输入信号不稳定	检查信号
	定位器出故障	检修定位器
蝶阀振荡	阀板与轴的定位销松动或断裂	修复完好
	定位器输出振荡	检修定位器
蝶阀动作迟钝	气缸活塞结垢	清洗气缸、活塞
	转轴填料太紧	调整填料压紧程度
蝶阀达不到全闭位置	执行机构输出力不够	检查执行机构
	阀板处有异物	解体检查，消除异物
蝶阀执行机构泄漏量大	气缸销子断裂	更换适当"O"形环
	转轴销子断裂	修复
	蝶阀两端面与管路两法兰端面连接处泄漏	换垫或紧固螺钉

（十二）气动凸轮挠曲调节阀

1. 原理与性能

气动凸轮挠曲调节阀基于执行器内控制信号压力引起的推力与流体对

阀塞产生的旋转力相平衡的原理进行工作。它主要由气动执行器、偏转阀、手动机构、气动阀门定位器等部分组成，其整体机构如图4-28所示。阀门定位器可将控制信号加以转换放大，克服阀的摩擦，并通过反馈机构实现不同的控制方式。

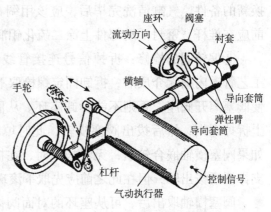

图4-28　气动凸轮挠曲调节阀结构

主要技术指标：基本误差±2.0%（带定位器）；回程误差2.0%（带定位器）；不灵敏区0.8%（带定位器）；额定行程偏差+2.5%（带定位器）；允许泄漏量额定容量的0.01%；公称通径25~300mm；公称压力1.0~6.4MPa；温度范围-40~250℃，高温250~400℃；气源压力0.14MPa、0.25MPa；弹簧范围0.02~0.1MPa，0.04~0.2MPa。

2. 维护保养

（1）日常巡查：向当班工艺人员了解调节阀运行情况；查看调节阀、定位器供气压力及气源净化情况是否正常；用听诊棒置于转轴处，探听阀塞、阀塞座环在动态运行中是否有异常杂音和较大的振动；查看执行器、调节阀各动静封点有无泄漏；检查各部分接管、接头是否松动及腐蚀。

（2）日常维护：

①整机清除外部锈垢和防腐：对调节阀执行器、阀体、阀门定位器、连杆机构及其他附件，都应清除锈垢油泥，达到部件光亮洁净见本色。待整机组装调试完毕后应将需喷涂防腐漆的部位，按照部颁色标要求进行防腐。对不应喷漆的部件，如铭牌、行程标尺、轴承、连杆轴套、螺栓等应该用油脂保护起来。防腐完毕应清洗干净。

②气动执行机构的检修：松开执行器与摇杆的连接元件，拆下信号管接头，从支架上卸下执行器。打开上部气缸法兰帽，松开帽形膜片，仔细检查膜片是否老化，是否有裂痕，判断是否应更换新的备件。拆下气缸法兰盘，取出平衡弹簧和推杆，检查弹簧是否变形和锈蚀，推杆是否光滑变形，如发现推杆有划痕及锈蚀，应进行整形或更换新的推杆。检查下部气

缸法兰盘上的推杆密封部件是否损坏老化，一般情况下，每次检修都应更换新的备件。气缸清洗完毕后，应该用绸布擦干吹净。在气动执行器组装前应在推杆、密封活动部件上涂二硫化钼润滑剂粉末。

③偏转阀的检修：拆掉信号连接管线、阀门定位器、过滤器减压阀，工艺管道内确无介质后，拆卸固定螺栓取下调节阀。用手轮微微打开阀门，使阀塞离开阀座，否则不能拆卸座环。从固定着填料盒及轭铁的双头螺栓上拆掉螺帽，然后拔出阀塞横轴，此时填料及填料盒圆环也一起被带出。如果阀塞横轴嵌合较紧，无法拔出时，在横轴上拧入有头螺栓，以轭铁为支撑缓缓拔出轴，但在此之前应先取下滚珠轴承。

阀塞横轴取出后，可从座环的对面阀体腔内取出阀塞。拆卸上下导向套筒及衬套。如果拔不出下部套筒时，可在套筒的槽中放入螺丝刀或类似工具轻轻顶出。上部导向套筒可用紫铜棒从上部插入，轻轻敲击推入阀腔内。

从阀体入口方向先拧下阀座挡圈，此时可取下阀座环。检查阀体腔内冲刷、腐蚀情况，如果较严重，则应经射线探伤及测厚，以决定是否更换。

检查阀塞横向轴磨损、气蚀情况，用量具检查接触上下导向套筒处是否变细，如出现负 $40\mu m$ 的偏差时就应考虑修复或更换新轴。另外横轴应用车床检查是否变形，如有弯曲变形应进行修正。

检查阀塞及与之相连的弹性臂、衬套是否有损伤、裂纹、腐蚀。检查阀塞、座环密封面是否有气蚀、创伤，如有可采用阀塞和座环相对研磨，或在立式车床上加工后再抛光。检查上部下部导向套筒是否磨损变形，用量具测试套筒，如出现 $40\mu m$ 以上的正偏差，就应更换新的套筒。

偏转阀的配件如滚珠轴承、手轮螺杆、U 形夹销、推杆等都应清洗干净，然后涂上二硫化钼润滑脂。组装时应将阀体腔内清理干净，特别是导向筒轴套内不应有铁砂、铁屑等杂物。用干净布将腔内揩净。向阀体内插入下部套筒。把阀塞衬套轴和导向套筒轴组装于一条轴线上，然后装配上填料扣环、衬套、上部导向套筒、阀塞衬套固定键，再将横轴轻轻转动完全插入阀塞衬套内，将横轴与阀塞连接的键固定好。装配座环时为使座环和阀塞中心相吻合，需把阀塞推压到环座上，然后拧紧座环挡圈。将填料盒圆环推入填扣环处，并使圆环上的小孔与阀帽的安全销孔相吻合，安全销缠绕上四氟带后拧入帽的螺孔内，然后顺序将四氟或石墨成形填料函加入。

组装填料盒压盖及压紧螺钉，然后将横轴杠杆、轭铁等顺序安装就位。轭铁装上后，要注意杠杆上的指示箭头是否指示在轭铁上的关闭位置，否则应松开固定轭铁的螺帽，整定轭铁的相对位置后再拧紧螺帽。偏转阀、气动执行器、阀门定位器分别检修、清洗、组装完毕后可进行总体组装，并为整机性能指标检查作好准备。

（3）定期维护：每班进行一次调节阀外部清洁工作；每月对阀杆密封填料压盖的松紧情况进行调整，以确保不泄漏工艺介质；在工艺人员配合下，每 3 个月对气源过滤器排污一次；每 6 个月在工艺人员配合下，将阀置于手轮操作后，对定位器的滑阀和反馈凸轮清洗、加油。

3. 检修质量标准

（1）技术要求：铭牌标志应清楚准确，不得涂改损坏；零部件应齐全完好，并规格化；手轮机构及可动部件动作应灵活可靠；执行器、调节阀的密封部位应无泄漏；整机应无锈蚀，防腐漆层应无剥落和损伤。

（2）使用要求：在线使用的调节阀应保证操作灵活、线性关系正确、工艺参数稳定，达到规定的性能指标；动、静密封部位应保证无工艺介质外泄；阀位指针、阀门标尺应规整清楚；所配保温、保冷设施应有效，完好无损。

（3）管理要求：整机的说明书、合格证、入厂检定书应齐整、齐全；运行记录、故障处理记录、检修记录、校准记录、零部件更换记录应准确无误；调节阀的节流部件的材质及热处理要求应有详细资料记载；易损部件的加工图纸应齐全、准确。

4. 定期校准

（1）校准周期：校准周期为 12 个月。

（2）校准仪器：标准压力表 0.25 级，0～0.16MPa；普通压力表 1 级，0～1.0MPa；气动定值器输出压力 0～0.14MPa。

（3）基本误差校验：按以下 5 点进行校准：0、25%、50%、75%、100%。校验前应检查手轮是否处于松开的位置，且用锁紧螺母固定。将20kPa 压力信号缓慢均匀地输入阀门定位器，当信号加至 20kPa 时，阀门指针应从行程的 0 处启动，如启动过早或过迟时，可调整定位器调零螺钉。将 60kPa 压力信号均匀地输入阀门定位器，偏转阀指针开度应是 50%。继续将信号均匀增加至 100kPa，偏转阀指针开度应是 100%，如果超出允许基本误差范围时，应调整定位器范围调节螺杆，以改变反馈弹簧有效圈数。重复以上步骤，分别调校其余各校准点，反复调整，直至合格为止。

(4) 回程误差校准：回程误差校准与基本误差校准可同步进行。即在同一输入信号下所得的正反行程的最大差值的绝对值应小于允许值，否则，应检查填料函的松紧度，检查可动部分是否有摩擦和间隙是否过大，需要时应重新调整和装配。

(5) 额定行程误差：额定行程误差即超过最大行程 100% 开度的误差，必须定在正的 2.5% 范围内，不允许出现负值，也就是说不允许出现达不到 100% 开度以上的情况。将 102.5kPa 的压力信号输入定位器，此时偏转阀指针应达到 102.5% 的开度。如果达不到或超过允许值，应调整反馈凸轮的位置角度，此项校准工作应放在"基本误差校验"前进行。

(6) 不灵敏区校准：不灵敏区校准可在信号量内 25%、50%、75% 这 3 点上进行。缓慢地增加输入信号，直到观察出一个可察觉的行程变化，记下这时的输入信号值。按相反方向重复上述试验，记下输入信号值。这两次试验的信号值之差，即为不灵敏区。取其以上 3 点的最大值，该值不得超过允许值，否则应查找填料函、活动连接部件造成的摩擦并予以消除。

(7) 泄漏量：采用常温下的洁净水为试漏介质。试漏压力可根据偏转阀公称通径进行选择：25～50mm 通径阀前输入 3.0MPa 水压；65～100mm 通径阀前输入 2.5MPa 水压；125～150mm 通径阀前输入 2.0MPa 水压；200～250mm 通径阀前输入 1.5MPa 水压；300mm 通径阀前输入 1.0MPa 水压。

向定位器输入 120kPa 力信号，使阀处于完全关闭状态，按照上述不同公称通径的阀门，用试压泵将规定的水压按照其工艺介质流向压入阀体，并稳定压力。待 60min 后测取泄漏量。如果测取的泄漏量大于允许值，则需检查阀塞和阀座环配合是否严密，是否真正关闭。为此，需重新调整调节阀或者用研磨膏对阀塞和阀座环进行研磨以达到规定泄漏量的要求。

5. 常见故障及其处理方法

常见故障及其处理方法如表 4-30 所示。

表 4-30　气动凸轮挠曲调节阀故障的诊断与排除

现　象	原　因	处 理 方 法
输入控制信号调节阀不动作	未送气源和气源压力不够	送气源，调整减压阀至规定气源压力
	定位器至气动执行器输出信号泄漏严重	查找接头和管线泄漏点，紧固或更换接头和管线
	帽型膜片破裂漏气	更换膜片
	机械连杆卡涩严重	检查卡涩原因，重新装配
	定位器故障	检查定位器放大器及节流孔、喷嘴挡板
调节阀工作时不稳定，呈周期性波动	定位器至气动执行器输出信号有泄漏	检查信号管、接头、密封环等处的泄漏点，并予以消除
	定位器整定元件松动或者摩擦	找出松动部件固紧。摩擦部件调整、加油润滑
	过滤器减压阀工作不稳	清理、检修过滤器减压阀
阀轴杆振荡并伴有噪声	调节阀流通能力选择不当，当阀门经常处于小开度	重新计算流通能力，选择合适的调节阀
	阀座环松动	拧紧阀座环的固定挡圈
	上下导向套筒间隙过大	更换新的导向套筒
	阀塞与弹性支撑臂之间有裂痕变形	检查阀塞与弹性支撑臂，消除裂痕
阀动作迟缓跳跃	机械连杆摩擦大	查找摩擦大的部件，重新装配
	密封填料过紧或者损坏	调整填料压盖，重新更换填料
	上下导向套筒变形	更换新的导向套
	阀座环，阀塞结垢严重	清除结垢
	阀体内有硬物	清除硬物
调节阀泄漏量大	阀座环和阀塞冲刷腐蚀严重	更换设备
调节阀动作灵活但不起控制作用	阀座环或者阀塞已脱落	更换新的调节阀元件

第五章 煤气加压站、混合站与煤气储存（煤气柜）安全技术

第一节　煤气加压站、混合站安全技术

一、煤气加压站、混合站、抽气机室建筑物的安全要求

煤气加压站、混合站与焦炉煤气抽气机室主厂房火灾危险性分类及建筑物的耐火等级不应低于 GB 50016—2006《建筑设计防火规范》规定的等级，站房的建筑设计均应遵守 GB 50016—2006 的有关规定。

煤气加压站、混合站、抽气机室的电气设备的设计和施工，应遵守有关规定。

煤气加压站、混合站、抽气机室的采暖通风和空气调节应符合 GB 50019—2003《采暖通风与空气调节设计规范》的有关规定。

站房应建立在地面上，禁止在厂房下设地下室或半地下室。如为单层建筑物，操作层至屋顶的层高不应低于 3.5m；如为两层建筑物，上层高度不得低于 3.5m，下层高度不得低于 3m。

二、煤气加压站和混合站的一般安全规定

煤气加压站、混合站、抽气机室的管理室一般设在主厂房一侧的中部，有条件的可将管理室合并在能源管理中心。为了隔绝主厂房机械运转的噪音，管理室与主厂房间相通的门应设有能观察机械运转的隔音玻璃窗。

管理室应装设二次检测仪表及调节装置。一次仪表不应引入管理室内。

一次仪表室应设强制通风装置。

管理室应设有联系电话。大型加压站、混合站和抽气机室的管理室宜设有与煤气调度室和用户联系的直通电话。

站房内应设有一氧化碳监测装置，并把信号传送到管理室内。

有人值班的机械房、加压站、混合站、抽气机房内的值班人员不应少于 2 人。室内禁止烟火，如需动火检修，应有安全措施和动火许可证。

煤气加压机、抽气机等可能漏煤气的地方，每月至少用检漏仪或用涂肥皂水的方法检查 1 次，机械房内的一次仪表导管应每周检查 1 次。

煤气加压机械应有两路电源供电，如用户允许间断供应煤气，可设一路电源。焦炉煤气抽气机至少应有 2 台(1 台备用)，均应有两路电源供电，有条件时，可增设 1 台用蒸汽带动的抽气机。

水煤气加压机房应单独设立，加压机房内的操作岗位应设生产控制仪表、必要的安全信号和安全联锁装置。

站房内主机之间以及主机与墙壁之间的净距应不小于 1.3m；如用作一般通道应不小于 1.5m；如用作主要通道，不应小于 2m。房内应留有放置拆卸机件的地点，不得放置和加压机械无关的设备。站房内应设有消防设备。

两条引入混合煤气的管道的净距不小于 800mm，敷设坡度不应小于0.5%。引入混合站的两条混合管道，在引入的起始端应设可靠的隔断装置。

混合站在运行中应防止煤气互串，混合煤气压力在运行中应保持正压。

煤气加压机、抽气机的排水器应按机组各自配置。

每台煤气加压机、抽气机前后应设可靠的隔断装置。

发生炉煤气加压机的电动机必须与空气总管的空气压力继电器或空气鼓风机的电动机进行联锁，其联锁方式应符合下列要求：

(1)空气总管的空气压力升到预定值，煤气加压机才能启动；空气压力降到预定值时，煤气加压机应自动停机。

(2)空气鼓风机启动后，煤气加压机才能启动；空气鼓风机停止时，煤气加压机应自动停机。

水煤气加压机前宜设有煤气柜，如未设煤气柜，则加压机的电动机应与加压机前的煤气总管压力联锁，当煤气总管的压力降到正常指标以下，应发出低压信号，当压力继续下降到最低值时，煤气加压机应自动停机。

鼓风机的主电机采用强制通风时，如风机风压过低，应有声光报警信号。

三、天然气调压站安全规定

天然气调压站可设在露天或单独厂房内，露天调压站应有实体围墙，围墙与管道间距离应不小于2m。

调压站厂房和一次仪表室均属于甲类有爆炸危险厂房，应遵守有关规定。

调压站操作室应设压力计、流量计、高低压警报器和电话。操作室应与调压站隔开，并设有两个向外开的门。

调压系统应有安全阀，并应符合现行的有关压力容器管理的规定。

四、煤气加压站与混合站其他安全注意事项

煤气加压站与混合站内重点监控的关键部位(如焦炉煤气鼓风机、加压机房)被视为心脏，是易爆场所，照明灯具、开关、布线必须防爆，门窗要向外开，门窗面积不能小于容积的十分之一，平时和事故状态下都要有通风等措施。

(1)站房内宜设有一氧化碳监测装置，并把信号传送到管理室内；

(2)站房内应有通风换气装置；

(3)煤气加压机械应有两路电源供电；

(4)煤气加压机、抽气机的排水器应按机组各自配置；

(5)每台煤气加压机、抽气机前后应设可靠的隔断装置。

第二节 煤气储存(煤气柜)安全技术

一、湿式煤气柜安全技术

(一)厂址与厂房布置安全要求

新建湿式柜不应建设在居民稠密区，应远离大型建筑、仓库、通信和交通枢纽等重要设施，并应布置在通风良好的地方。

煤气柜周围应设有围墙，消防车道和消防设施，柜顶应设防雷装置。

湿式柜的防火要求以及与建筑物、堆场的防火间距应符合 GB 50016—2005《建筑设计防火规范》的规定。

(二)设备结构安全要求

湿式柜每级塔间水封的有效高度应不小于最大工作压力的 1.5 倍。

湿式柜出入管道上应设隔断装置，出入口管道最低处应设排水器，并应遵守有关规定。出入口管道的设计应能防止煤气柜地基下沉所引起的管道变形。

湿式柜上应有容积指示装置，柜位达到上限时应关闭煤气入口阀，并设有放散设施，还应有煤气柜位降到下限时，自动停止向外输出煤气或自动充压的装置。

湿式柜应设操作室，室内设有压力计、流量计、高度指示计，容积上、下限声光讯号装置和联系电话。

湿式柜的水封在寒冷地带应采取相应的防冻措施。

湿式柜需设放散管、人孔、梯子、栏杆。

湿式柜柜顶和柜壁外的爆炸性气体环境危险区域的范围应遵守相关规定。

(三)湿式煤气柜的检验

湿式煤气柜施工完毕，应检查柜体内外涂刷的防腐油漆和水槽底板上浇的沥青层是否符合设计要求。

湿式煤气柜安装完毕，应进行升降试验，以检查各塔节升降是否灵活可靠，并测定每一个塔节升起或下降后的工作压力是否与设计的工作压力基本一致。有条件的企业可进行快速升降试验，升降速度可按 1.0～1.5m/min 进行。没有条件的企业可只做快速下降试验。升降试验应反复进行，并不得少于 2 次。

湿式煤气柜安装完毕后应进行严密性试验。严密性试验方法分为涂肥皂水的直接试验法和测定泄漏量的间接试验法两种，无论采用何种试验方法，只要符合要求都可认为合格。

直接试验法：在各塔节及钟罩顶的安装焊缝全长上涂肥皂水，然后在反面用真空泵吸气，以无气泡出现为合格。

间接试验法：将气柜内充入空气，充气量约为全部贮气容积的 90%。以静置 1 天后的柜内空气标准容积为起始点容积，以再静置 7 天后的柜内空气标准容积为结束点容积，起始点容积与结束点容积相比，泄漏率不超过 2% 为合格。

气柜在静置 7 天的试验期内，每天都应测定 1 次，并选择日出前、微风时、大气温度变化不大的情况下进行测定。如遇暴风雨等温度波动较大的天气时，测定工作应顺延。

二、干式煤气柜安全技术

(一)厂址与厂房布置安全要求

干式柜的厂址与厂房布置安全要求、干式柜与建筑物、堆物的防火间距，应符合 GB 50016—2005《建筑设计防火规范》的有关规定。

(二)设备结构安全要求

干式柜的设备结构应遵守 GB 50016—2005《建筑设计防火规范》的规定。

稀油密封型干式柜的上部可设预备油箱；油封供油泵的油箱应设蒸汽加热管，密封油在冬季要采取防冻措施；底部油沟应设油水位观察装置。

干式柜应设内、外部电梯，供检修及检查时载人用。电梯应设最终位置极限开关、升降异常灯。电梯内部应设安全开关、安全扣和联络电话。

干式柜一般应设有内部电梯供检修和保养活塞用。电梯应设有最终位置极限开关和防止超载、超速装置。还应设救护提升装置；活塞上部应备有一氧化碳检测报警装置及空气呼吸器。

干式柜外部楼梯的入口处应设门。

布帘式柜应设调平装置，活塞水平测量装置及紧急放散装置。用于回收时，柜前宜设事故放散塔。应设微氧量的连续测定装置，并与柜入口阀，事故放散塔的入口阀，炼钢系统的三通切换阀开启装置联锁。柜区操作室应设有与转炉煤气回收设施间的声光信号和电话设施。柜位应设有与柜进口阀和转炉煤气回收的三通切换阀的联锁装置。

控制室内除设置规定的各种仪表外，还应设活塞升降速度、煤气出入口阀、煤气放散阀的状态和开度等测定仪，各种阀的开、关和故障信号装置以及与活塞上部操作人员联系的通信设备。

干式柜除生产照明外还应设事故照明、检修照明、楼梯及过道照明、各种检测仪表照明以及外部升降机上、下、出、入口照明。

(三)干式煤气柜的检验

干式柜施工完毕，应按其结构类型检查活塞倾斜度、活塞回转度、活塞导轮与柜壁的接触面、柜内煤气压力波动值、密封油油位高度、油封供油泵运行时间等是否符合设计要求。

干式柜安装完毕后应进行速度升降试验和严密性试验。严密性试验应遵守相关规定。采用油封结构的干式柜，应检查柜侧壁是否有油渗漏。

第六章 煤气管道安装与输送安全技术

第一节　煤气输送管道安装安全技术

将煤气输送管道及其配套的支柱、托座、附件按图纸和施工技术规范要求固定到设计位置上的施工作业。常用的煤气有高炉煤气、焦炉煤气、转炉煤气及混合煤气，其输送管道的特点是管径大、管路长、结构复杂、多与其他工业管道共架。煤气是易燃、易爆的有毒气体，对其管道安装的严密性有严格要求。

一、安装顺序及实验安全技术

煤气管道安装按以下顺序进行：①支柱安装；②管托(座)安装；③卷管安装；④配件安装。

(一)支柱安装

支柱有钢筋混凝土支柱和钢支柱两种。钢筋混凝土支柱通常采用现场就地预制，钢支柱因其构造较复杂，组合式的钢支柱及管道桥架在加工厂制作而在现场组装。钢铁厂的煤气管道口径大，一般与其他工业管道组合敷设。煤气管道安装可不考虑坡度。支柱安装多采用自行式起重机，吊装时要保证其中心垂直，标高正确。

(二)管托(座)安装

管径大于300mm的管道采用鞍型管托。管托与支柱之间可采用滑动或滚动接触，也可采用固定连接(螺栓连接或焊接)。管托的定位应与管道中心一致。管托与管道通常采用管箍或焊接固定。滚动托座在管道安装调整前可以临时固定。管径大于 1000mm 的管托设有加固圈，在地面组对管段时装配。

(三)卷管安装

卷管应按加工件编号依次排列，弯头、三通、变径管等地面组对时应与管道直接对口焊接。管径大于 600mm 的管道应焊内口，管壁大于或等于 10mm 应碳弧起刨焊根后再焊接。为了保证煤气管道安装质量和安全生产，从卷管制作直至安装全过程都要重视焊接质量，所有焊缝均要进行 X 射线检查。

卷管安装要选用合适的吊机。高空管道对接有困难时可采用搭接板连接。搭接板的直径、厚度、宽度应与卷管制作配套，其安装位置应离支柱边缘 0.6~1.2m。管道定位后应尽快焊接固定。管径大、跨度大的管道设有加固圈，可在地面组装时焊在管子上。煤气管道的连接尽可能采用焊接，不采用法兰连接。

(四)配件安装

煤气管路上的各类管配件，其用途、性能不同、安装要求各异：

(1)弯头、三通、变径管安装。地面组对时，要正确将弯头、三通、变径管等定位在组装的管道上，并注意其方向性。变径管通常采用等底偏心变径管。

(2)补偿器安装。煤气管道常用波形、鼓形和填料、补偿器。这些补偿器都具有方向性，应顺煤气流向水平安装；安装时应根据不同气温对补偿器进行预拉伸或预压缩调整。补偿器安装应在煤气管道安装定位后进行，安装时要防止补偿器被碰撞、挤压和承受外力。补偿器与管道连成一体后要检查固定支架和活动支架是否符合施工图要求，无误后方可松开定位螺栓，以防补偿器受损。

(3)切断设备安装。煤气管道上的切断阀要求安全可靠，重要部位应采用双阀或其他措施。闸阀、蝶阀可靠性差，重量大，造价高，一般仅在小口径管道上使用，安装前应进行单体检验。眼镜阀、扇形阀一般不作为独立的切断设备，而在经常操作的阀门后设置，起双重保险作用。V 型水封阀与卷管同时制作、同时安装。水封阀管上还设有给水管、排水设施、溢流管、放散管、取样管及附设梯子平台，安装时必须按图纸核对位置。水封的有效高度必须大于管道的试验压力。

（4）排水器安装。一般设置在补偿器与阀门前、管道标高变化位置和直管道相隔一定距离处。排水器与煤气管道的接口必须设在煤气管道的底部，连接管上应设置双重阀门。对寒冷地区的排水器应采取防冻措施。排水器的废水排放要符合国家环保规定。

（5）放散管、取样管安装。为了进行煤气管道试验、通气和检修，应在管路末端、切断阀及盲板前等容易聚积煤气而不易吹尽的部位设置煤气放散管和取样管。放散管要有足够的高度，安装时要找正位置与方向。

（6）人孔盖板安装。人孔应设在靠近支柱的管道下方45°部位，可在管道安装前进行地面组装时定位开孔，在管道安装结束后试压前用法兰盖板封闭。封堵在管道安装时临时开设的人孔时，应对其焊缝采取加强措施。

（7）辅助托架安装。大口径煤气管道的顶部设有其他能源介质管道以及通讯和仪表电缆槽架，其使用的托架应采用垫加连接板满焊在煤气管道上。

（8）煤气管道接地装置安装。室外煤气管道设有接地装置，其间距约100m 左右。接地装置应按图纸要求安装，并进行接地测试。

（五）管道试验及要求

压力试验管道安装结束并经检查合格后应进行吹扫。大口径有人孔的管道，可用人工在管道内清扫，小口径管道可用压缩空气吹扫。吹扫合格后应进行压力试验。压力试验分强度试验和严密性试验，试验介质一般采用压缩空气或氮气。

强度试验试验压力为工作压力的 1.15 倍。试验持续时间、试验标准应符合设计或国家施工规范要求。

严密性试验试验压力取工作压力。在强度试验合格后，将压力降至工作压力，停压 12～24h，记录试验压力和空气温度的变化，最后计算试验管段平均每小时的泄漏率，符合设计或规范要求时为合格。

二、煤气安装施工准备

(一)材料要求

(1)室内燃气管道安装宜采用镀锌碳素钢管及管件，镀锌碳素钢管及管件的规格种类应符合设计要求，管壁内外镀锌均匀，无锈蚀、无毛刺。管件无偏扣、乱扣、丝扣不全或角度不准等现象。管材及管件均应有出厂合格证。

(2)阀门应选用现行国家标准中适用于输送燃气介质，并且具有良好密封性和耐腐性的阀门。室内一般选用旋塞或球阀。阀门的规格型号应符合设计要求。其外观要求：①阀体铸造规矩，表面光洁，无裂纹、气孔、缩孔、渣眼；②密封面表面不得有任何缺陷，表面粗糙程度和吻合度满足标准规定的要求；③直通式阀门的连接法兰的密封面应相互平等；④直通式阀门的内螺纹接头中心线应在同一直线上，角度偏差不得超过2°；⑤直角式阀门的内螺纹接头中心线的不垂直度，其偏差不得超过2°；⑥填料压入后的高度和紧密度，应保持密封并不妨碍阀杆运动，并且全开到全关闭应限制在90°范围内旋转。

开关灵活，关闭严密，填料密封完好无渗漏，手轮完整无损坏。安装前应做强度和严密性试验。阀门做水压强度试验时，应尽量将体腔内的空气排尽，再往体腔内灌水。试验时，当压力达到试验压力后，在规定的持续时间内($DN \leqslant 50$ 为 1min；65mm $\leqslant DN \leqslant$ 125mm，为 2min)未发现渗漏为合格，旋塞的试验压力应使塞子旋转180°，重复进行一次。严密性试验压力为阀件的公称压力 PN，阀门安装前应用气密性试验，不漏为合格。

(3)胶管应采用耐油橡胶管。

(4)气表：居民家庭一般用皮膜家用煤气表。这种表可分为4种类型：人工煤气表、天然煤气表、液化石油气表和适合于上述3种燃气的通用表。安装时应分清楚类型。工业及公共建筑用气计量采用罗茨表，它的优点是体积小、流量大，可用于较高的燃气压力下计量。新表安装必须具备以下条件：有出厂合格证；外观检查完好无缺；距出厂检验日期或重新校验日期不得超过半年；厂家有生产许可证。

(5)生活燃气灶具(略)。

(6)其他材料:型钢、圆钢、管卡子、螺栓、螺母、铅油、麻、生胶带、密封垫、电气焊条等,选用时应符合设计要求。

(二)主要机具要求

机械:套丝机、砂轮锯、台钻、电锤、手电钻、焊机、电动试压泵等。

工具:套线板、管钳、压力钳、手锯、手锤、活扳手、链钳、气焊工具、煨管器、手动试压泵等。

其他:U型管压力计、水平尺、线坠、钢卷尺、小线等。

(三)作业条件

1. 技术准备

(1)具有安装项目设计图纸,并且已经图纸会审,设计交底,初步方案编制好。

(2)施工人员已向班组作了图纸,施工方案和技术交底。

2. 现场条件

(1)地下管道铺设必须在房心回填夯实或挖到管底标高,沿管线铺设位置清理干净,立管道安装宜在主体结构完成后进行,高层建筑在主体结构达到安装条件后,可适当插入进行。

(2)管道穿墙处已预留孔洞或安装套管,其洞口尺寸和套管规格符合要求,坐标、标高正确;暗装管道应在管道井和吊顶未封闭前进行安装,其型钢支架应安装完毕并符合要求;明装托、吊干管安装必须在安装层的结构顶板完成后进行,沿管线安装位置的模板及杂物清理干净,托吊卡件均已安装牢固,位置正确。

(3)立管安装前每层均应有明确的标高线,暗装竖井管道,应把竖井内的模板及杂物清除干净,并有防坠落安全措施。

(4)支管安装应在墙体砌筑完毕,墙面未装修前进行。

三、安装作业安全技术

安装作业流程如下:

安装准备→预制加工→干管安装→立管安装→支管安装→阀门、气表

安装→强度、严密性试验→管道吹扫→防腐、刷油

(一)安装准备

认真熟悉图纸，根据施工方案决定的施工方法和技术交底的具体措施做好准备工作，参看有关专业设备图和装修建筑图，核对各种管道的坐标、标高是否有交叉，有问题及时与设计和有关人员研究解决，做好变更洽商记录，在结构施工阶段，配合土建预留孔洞、套管及预埋件。

(二)预制加工

按设计图画出管道分路、管径、变径、预留管口、阀门位置等施工草图，在实际安装的结构位置做标记，按标记分段量出实际安装的准确尺寸，绘制在施工草图上，最后按草图进行预制加工；管子螺纹一次进刀量不宜过大，套一遍调整标盘增加进刀量再套。一般要求为：$DN < 25mm$ 可一次套成；$25mm \leqslant DN \leqslant 40mm$ 宜两次套成。$DN \geqslant 50mm$ 分 3 次套成。丝扣不得有乱丝、偏丝、毛刺等缺陷，断口和缺口部分不得超过整个丝的 10%，丝扣松紧程度要适宜。

(三)干管安装

(1)安装卡架，按设计要求或规范规定间距安装。吊卡安装时，先把吊棍按坡向、顺序依次穿在型钢支架上，吊环按间距位置套在管上，再把管抬起穿上螺栓拧上螺母，将管固定。安装在托架上的管道，先把管就位在托架上，把第一节管装好 U 型卡，然后安装第二节管，以后各节管均照此进行，紧固好螺栓。

(2)室内管道安装一般应先安装引入管，后安装立管、水平管、支管等。室内水平管道遇到障碍物，直管不能通过时，可采取煨弯或使用管件绕过障碍物，如鸭颈弯、抢弯以及 45°、90°弯头。当两层楼的墙面不在同一平面上时，应采用"来回弯"形式敷设。

(3)在城镇供气管道上严禁直接安装加压设备，当供气压力不能满足用气设备要求而需要加压时，必须符合下列要求：①加压设备前必须安装浮动式缓冲罐，缓冲罐的容量应保证加压时不影响地区管网的压力；②缓冲罐前应设管网低压保护装置；③缓冲罐应设贮量下限位与加压设备联锁的自动切断阀；④加压设备设旁通阀和止回阀。

(4)燃气引入管不得敷设卧室、浴室、密闭地下室；严禁敷设在存有易燃或易爆品的仓库、有腐蚀介质的房间、配电间、变电室、电缆沟、暖气沟、烟道和进风道等部位。燃气引入管应设在厨房或走廊等便于维修的非居住房间内，当确有困难可从楼梯间引入，此时引入管阀门宜设在室外。

(5)燃气引入管进入密闭室时，密闭室必须进行改造，并置换气口，其通风换气次数每小时不得小于3次。

(6)燃气引入管穿过建筑物基础墙或管沟时，均应设置在套管中，并应考虑沉降的影响。必要时采取补偿措施，套管穿墙孔洞应与建筑物沉降量相适应，套管尺寸可按要求选用，套管与管子间的缝隙用沥青油麻堵严，热沥青封口。

(7)燃气引入管的最小公称直径不应小于15mm。

(8)燃气引入管阀门的位置，应符合下列要求：阀门宜设置在室内，对重要用户尚应在室外另设置阀门，阀门应选择快速式切断阀；地上低压燃气引入管的直径小于或等于75mm时，可在室外设置带丝堵的三通，不另设置阀门。

(9)建、构筑物内部的燃气管道应明设，当建筑或工艺有特殊要求时，可暗设，但必须便于安装和检修。

(10)暗设燃气管道应符合下列要求：①暗设的燃气立管，可设在墙上的管槽或管道井中，暗设的燃气水平管，可设在吊顶内和管沟中；②暗设的燃气管道的管槽应设活动门和通风孔，暗设燃气管道的管沟应设活动盖板，并填充干沙；③工业和实验室用的燃气管道可敷设在砼地面中，其燃气管道的引进和引出处应设套管，套管应伸出地面 5～10cm。套管两端采用柔性的防水材料密封，管道应有防腐绝缘层；④暗设的燃气管道可与空气、惰性气体、上水、热力管道等一起敷设在管道井、管沟或设备层中，此时燃气管道应采用焊接连接。燃气管道不得敷设在可能渗入腐蚀性介质的管沟中；⑤当敷设燃气管道的管沟与其他管沟相交时，管沟之间应密封，燃气管道应敷设在钢套管中；⑥敷设燃气管道的设备层和管道井应通风良好，每层的管道井应设与楼板耐火极限相同的防火隔断层并应有进出方便的检修门；⑦燃气管道应涂以黄色的防腐识别漆。

(11)室内燃气管道不得穿过易燃易爆品仓库、配电间、变电室、电缆沟、烟道、进风道等地方。

（12）室内燃气管道不应敷设在潮湿或有腐蚀性介质的房间内，当必须敷设时，必须采取防腐蚀措施。

（13）燃气管道严禁引入卧室，当燃气水平管道穿过卧室、浴室或地下室时，必须采用焊接连接的方式，并必须设置在套管中，燃气管道立管不得敷设在卧室、浴室或厕所中。

（14）当室内燃气管道穿过楼板、楼梯平台、墙壁和隔墙时，必须安装在套管中，套管内不得有接头，穿墙套管的长度与墙的两侧平齐，穿楼板套管上部应高出楼板 30～50mm，下部与楼板平齐。

（15）燃气管道敷设高度（以地面到管道底部）应符合下列要求：在有人行走的地方，敷设高度不应小于 2.2m；在有车通行的地方，敷设高度不应小于 4.5m。

（16）沿墙、柱、楼板和加热设备构架上，明设的燃气管道应采用支架、管卡或吊卡固定。燃气钢管的固定件间距不应大于 GB 50028—2006《城镇燃气设计规范》的规定。

（17）燃气管道必须考虑在工作环境温度下的极限变形，当自然补偿不能满足要求时，应设补偿器，但不宜采用填料式补偿器。

（18）室内燃气管道和电气设备、相邻管道之间的净距不应小于 GB 50028—2006《城镇燃气设计规范》的规定。

（19）地下室、半地下室、设备层和25层以上建筑的用气安全高度符合下列要求：引入管宜设快速切断阀；管道上宜设自动切断阀，泄漏报警器和送排风系统等自动切断联锁装置；25层以上建筑宜设燃气泄漏集中监视装置和压力控制装置并宜有检修值班室。

（20）地下室、半地下室、设备层敷设燃气管道时应符合下列要求：净交不应小于 2.2m；应有良好的通风设施，地下室和地下设备层内有机械通风和事故排风设施；应设有固定的照明设备；当燃气管道与其他管道一起敷设时，应敷设在其他管道的外侧；燃气管道应采用焊接或法兰连接；应用非燃烧体的实体墙与电话间、变电室、修理间和储藏室隔开；地下室内燃气管道末端应设放散管，并应引出地上。放散管的出口位置应保证吹扫放散时的安全和卫生要求。

（21）室内燃气管道阀门的设置位置应符合下列要求：燃气表前、用气设备和燃器前、点火器和测压点前、放散管前。

（22）工业企业用气车间、锅炉房以及大中型用气设备的燃气管道上应设放散管，放散管管口应高出屋脊 1m 以上，并应采取防止雨雪进入管道和吹洗放散物进入房间的措施。

（四）立管安装

（1）核对各层预留孔洞位置是否垂直，吊线、剔眼、栽卡子。将预制好的管道按编号顺序运到安装地点。

（2）安装前先卸下阀门盖，有钢套管的先穿到管上，按编号从第一节开始安装。涂铅油缠麻将立管对准接口转动入扣，一把管钳咬住管件，一把管钳拧管，拧到松紧适度，对准调直标记要求，丝扣外露 2~3 扣，预留口平正为止，并清净麻头。

（3）检查立管的每个预留口标高、方向等是否准确、平正。将事先栽好的管卡子松开，把管放入卡内拧紧螺栓，用吊杆、线坠从第一节开始找好垂直度，扶正钢套管，最后配合土建填堵好孔洞，预留口必须加好临时丝堵。立管截门安装朝向应便于操作和修理。

（4）燃气立管一般敷设在厨房内或楼梯间。当室内立管管径不大于50mm 时，一般每隔一层楼装设 1 个活接头，位置距地面不小于 1.2m。遇有阀门时，必须装设活接头，活接头的位置应设在阀门后边。管径 >50mm 的管道上可不设活接头。当建筑物位于防雷区域之外时，放散管的引线应接地，接地电阻应小于 10Ω。

（5）高层建筑的燃气立管应有承重支撑和消除燃气附加压力的措施。

（五）支管安装

检查煤气表安装位置及立管预留口是否准确，量出支管尺寸和灯叉弯的大小。

安装支管，按量出的支管尺寸，进行断管、套丝、煨灯叉弯和调直。将灯叉弯或短管两头抹铅油缠麻，边接煤气表，边把麻头清净。

用钢尺、水平尺、线坠校对支管的坡度和平行距墙尺寸，并复查立管及煤气表有无移动，合格后用支管替换下煤气表。按设计或规范规定压力进行系统试压及吹洗，吹洗合格后在交工前拆下连接管，安装煤气表。合格后办理验收手续。

（六）气表安装

（1）用户计量装置的安装位置应符合下列要求：①宜安装在非燃结构的室内通风良好处；②严禁安装在卧室、浴室、危险品和易燃物品堆存处，以及与上述情况类似的地方；③公共建筑和工业企业生产用气的计量装置，宜设置在单独房间内；④安装隔腊表的工作环境温度应高于0℃。

（2）燃气表的安装应满足抄表、检修、保养和安全使用的要求。当燃气表装在燃气灶具上方时，燃气与燃气灶的水平净距不得小于30cm。

（3）燃气表安装前应有出厂合格证，厂家生产许可证，表经法定检测单位检测，出厂日期不超过4个月，如超过，则需经法定检测单位检测；同时无明显损伤。

（4）居民家庭每户应装一只气表，集体、营业、事业用户，每个独立核算单位最少应装1只表。

（5）气表安装过程中不准碰撞、倒置、敲击，不允许有铁锈、杂物、油污等物质掉入仪表内。

（6）皮膜表安装必须平正，下部应有支撑，气表与周围设施的水平净距应符合相关规定。

（7）安装皮膜表时，应遵循以下规定：①皮膜表安装高度可分为高位表安装（表底距地面净距不小于1.8m）、中位表安装（表底距地面净距1.4~1.7m）、低位表安装（表底距地面净距不小于0.15m）；②在走道上安装皮膜表时必须按高表位安装，室内皮膜表安装以中位表为主，低表位为辅；③皮膜表背面距墙净距10~50mm；④多个皮膜表安装在一个墙面上时，表与表之间的净距不少于150mm；⑤一只皮膜表一般为在表前安装一个旋塞。

（8）公共建筑用户燃气表安装要点如下：①安装程序：安装引入管并固定，然后安装立管及总阀门，再作旁通管及燃气表两侧的配管；②干式皮膜表安装方法：流量为20m³/h、34m³/h的煤气表可安装在墙上，表下面用型钢（如L40×4角钢）支架固定。流量大于57m³/h的燃气表可安装在地面的砖台上，砖台高 0.1~0.2m，应设旁通管。表两侧配管及旁通管的连接为丝接，也可采用焊接；③罗茨表(腰鼓表)的安装方法：有 1 块 300m³/h 罗茨表安装，2 块 300m³/h 罗茨表安装，3 块 300m³/h 罗茨表安装等。安装前，必须洗掉表计量室内的防锈油，其方法是用汽油从表的进口端倒进去，出口端用容器盛接，反复数次，直至除尽为止。罗茨表必须垂直安装，高进低出，并应将过滤器与表直接连接。过滤器和罗茨表两端防尘盖的安装前不应卸掉。罗茨表计量需进行压力和温度修正时，其取压和测温点一般设置在仪表之前。

安装完毕，先通气检查管道、阀门、仪表等安装连接部位有无渗漏现象，确认各处密封良好后，再拧下表上的加油螺塞，加入润滑油(油位不能超过指定窗口上的刻线)，拧紧螺塞，然后慢慢地开启阀门，使表运转，同时观察表的指针是否均匀地平稳地运转，如无异常现象就可正常工作。

(七)室内燃气管道的试压

(1)燃气管道试压与吹扫宜采用压缩空气或氮气。

(2)试验范围：耐压试验为自进气管总阀门至每个接灶管转心门之间的管段。试验时不包括煤气表，装表处应用短管将管道暂时先联通。严密性试验，在上述范围内增加所有灶具设备。

(3)住宅内燃气管道强度试验压力为 0.1MPa(不包括表、灶)，用肥皂液涂抹所有接头，不漏气为合格。严密性试验：未安表前用 7000Pa 压力进行观察，10min 压力降不超过 200Pa 为合格，接通燃气表后用 3000Pa 压力进行观察，5min 压力降不超过 200Pa 为合格。

(4)公共建筑内燃气管道强度试验压力：低压燃气管道为 100kPa(不包括表灶)，中压燃气管道为 150kPa(不包括表、灶)，用肥皂液涂抹所有接头，不漏气为合格。严密性试验：低压燃气管道试验压力为 7000Pa，观察 10min 压力降不超过 200Pa 为合格。中压燃气管道压力为 100kPa，稳压 3h 观察 1h，压力降不超过 1.5% 为合格。煤气表不做强度试验，只做严密性试验，压力为 3000Pa，观察 5min 压力降不超过 200Pa 为合格。

(八)室内燃气管道和附件

室内燃气管道和附件除锈后，刷防锈漆一道，银粉漆二道。

（九）居民用灶具安装

（1）居民生活用气应采用低压燃气。低压燃烧器的额定压力为：天然气 2kPa，人工煤气 1kPa。

（2）安装燃气灶具的房间应满足以下条件：①不应安装在卧室、地下室内。若选用卧室套间当厨房，应设门隔开。厨房应具有自然通风和自然采光，有直接通室外的门窗或排风口，房间高度不低于 2.2m。②耐火等级不低于二级，当达不到此标准时，可在灶上 800mm 两侧及下方 100mm 范围内，加贴不可燃材料。

（3）新建居民住宅厨房允许的容积热负荷指标，一般取 $580W/m^3$。

（4）民用灶具安装，应满足以下条件：①灶具应水平放置在耐火台上，灶台高度一般为 650mm；②当灶和气表之间硬接时，其连接管道的管径不小于 DN15mm，并应装有活接头一个；③灶具如为软连接时，连接软管长度不得超过 2m，软胶管与波纹管接头间应用卡箍固定，软管内径不得小于 8mm，并不应穿墙；④公用厨房内当几个灶具并列安装时，灶与灶之间的净距不应小于 500mm；⑤安装在有足够光线的地方，但应避免穿堂风直吹灶具。

（十）公共建筑用户灶具安装

（1）灶具结构分类：钢结构组合灶具、混合结构灶具、砖结构灶。

（2）燃烧器前配管：①高灶燃烧器前的配管，如选用 8 管（作次火用）、13 管（作主火用）的立管燃烧器，这两种燃烧器都是单进气管，口径分别为 DN15mm、DN200mm 螺纹连接。安装时，应将活接头放在燃烧器进灶口的外侧，阀门与活接头之间应栽卡子，灶前管一般在高灶灶沿下方。②蒸锅燃烧器的配管，如选用 18 管、24 双进气管，燃烧器头部内外圈隔开，口径都是 DN20mm 螺纹连接。分别设阀门控制开关。30 管、33 管立管燃烧器为单进气管，口径为 DN25mm 螺纹连接。燃烧器的开关为联锁器式旋塞，分别控制燃烧器及燃烧器的长明小火。燃烧器的配管口径为 DN25mm，小火的配管口径为 DN10mm，并引至燃烧器头部，要求小火出火孔高出燃烧器立管火孔 1~2cm，使用时先开启长明小火开关，点燃长明小火，再开启联锁旋塞的大火开关，使燃烧器自动引燃。

(3)燃烧器安装注意事项:①燃烧器的材质如为铸铁,配管时丝扣要符合要求,上管时用力要均匀,以防止进气管撑裂;②燃烧器前的旋塞一般选用拉紧式旋塞,安装时应使旋塞的轴线方向与灶体表面平行,便于松紧尾部螺母,以利维修;③由于这类燃烧器本身进气管前不带阀门,而灶前燃烧器配管上的旋塞是管道系统的最后一道控制旋塞,旋塞至燃烧器和管段与丝扣无法试压检查,只有燃烧通气后方能检查是否漏气,因而这段安装时尤其应注意安装质量,以防止通气后发生事故。

(4)灶具对排烟道的要求:带有排烟口的燃气灶具,宜采用单独烟道,接房多台设备合用一个竖烟道时,为防止排烟时相互干扰,应每隔一层楼接一台用具;用具接向水平烟道时,应顺烟道气流流动方向设置导向装置。

连接燃气灶具的排烟管的设计与安装要求如下:①排烟管的直径应进行计算,最小不得小于燃气灶具排烟口的直径;②排烟管不得通过卧室;③安装低于0℃房间内的金属排烟管应作保温;④用具上的排烟管应有不小于0.5m的垂直烟道后,方可接向水平烟道;⑤水平排烟道管段应具有不小于1%的坡度,坡向燃气灶具,长度一般不得超过3m,如经计算证明抽力确实可靠,水平烟道长度才可大于3m;⑥排烟管与难燃墙面的净距应不小于10cm,与抹灰天花板的净距不小于25cm,排烟管在房屋易燃物件和层顶通过时,应根据防炎要求妥善处理;⑦排烟管的出口应另设风帽。

(十一)热水器安装

热水器不宜直接设置在浴室内,可装在厨房或其他房间内,也可以装在通风良好的过道里,但不宜装在室外。

(1)安装热水器的房间应符合下列要求:房间高度应大于2.5m;房间的容积应符合相关要求。

热水器的排烟应符合下列规定:①安装直接排气式热水器的房间外墙或窗的上部应有排气孔;②安装烟道排气式热水器的房间应有烟道;③安装平衡式热水器的房间外墙上,应有进排气筒接口;④房间门或墙的下部应预留有断面积不小于$0.2m^2$的百叶窗,或在门与地面之间留有高度不小于30mm的间隙。

(2)直接排气式热水器严禁安装在浴室内,烟道排气式和平衡式热水器可安装在浴室内。安装烟道排气式热水器必须符合下列要求：浴室容积应大于 7.5m³，浴室的烟道、送排气管接口和门符合相关规定。

（3）热水器的安装位置应符合下列要求：①热水器主要装在操作和检修方便、不易被碰撞的部位，热水器前的空间宽度应大于 0.8m；②热水器的安装高度以热水器的观火孔与人眼高度相齐为宜，一般距地面 1.5m；③热水器应安装在耐火的墙壁一边，热水器外壳距墙的净距离不得小于 20mm，如果安装在非耐火的墙壁上时应垫以隔热板，隔热板每边应比热水器外壳尺寸大 100mm；④热水器的供气、供水管道宜采用金属管道连接，也可采用软管连接。当采用软管连接时，燃气管应采用耐油管，水管应采用耐压管。软管长度不得超过 2m。软管与接头应用卡箍固定；⑤直接排气式热水器的排烟口与房间顶棚的距离不得小于 600mm；⑥热水器与煤气表、煤气灶的水平净距不得小于 300mm；⑦热水器上部不得有电力明线、电气设备和易燃物，热水器与电气设备的水平净距应大于 300mm。

（4）烟道式热水器的自然排烟装置应符合下列要求：①在民用建筑中，安装热水器的房间应有单独的烟道，当设置单独烟道有困难时，也可设共用烟道，但排烟能力和抽力应满足要求；②热水器的安全排气罩的上部，应有不小于 0.25m 的垂直上升烟气导管，导管直径不得小于热水器排烟口的直径；③烟道应有足够的排烟能力和抽力，热水器安全排气罩出口处的抽力（真空度）不得小于 3Pa；④热水器的烟道上不得设置闸板；⑤水平烟道应有 1% 的坡向热水器的坡度。水平烟道长不得超过 3m；⑥烟囱出口的排烟温度不得低于露点温度；⑦烟囱出口应设置风帽，其高度应高出建筑物的正压区；⑧烟囱出口均高出屋面 0.5m，并应防止雨雪灌入。

四、安装作业安全注意事项

（1）管道镀锌层损坏，管道变形，是由于压力管钳年久失修，卡不住管道，同时用力过大造成的。

（2）为了确保试压合格，特别要注意螺纹接口，采用锥管螺纹，丝扣应整齐光洁，不应有歪斜、裂痕和双头丝等现象。断丝和不完整的丝扣不得大于丝扣总长的 5%，中心线角度偏差不得大于 1°。

（3）支架严禁用管钉，必须使用管卡固定管子。

（4）立管甩口高度不准确是由于层高超出允许偏差或测量不准确；立管距墙不一致或半明半暗是由于立管位置安排不当，或隔断墙位移偏差太大所造成的；立管垂直，主要是剔板洞时，不吊线或堵测量时被挤位置面造成。应针对这此原因采取相应的措施。

（5）立管的套管出地面高度不够，或掉出到顶板下面或套管缝内未装填料。这主要是由于堵洞时未配合好，检查不严或土建地面标高不准，抹灰太厚造成。应加强检查，搞好配合。

（6）煤气如未经脱硫处理，煤气管道的阀件应用铁壳铁芯。如煤气经过脱硫处理，则可用铜质密封圈的阀门。

第二节　煤气输送管道敷设施工安全技术

一、煤气管道的结构与施工安全要求

煤气管道和附件的连接可采用法兰、螺纹，其他部位应尽量采用焊接。

煤气管道的垂直焊缝距支座边端应不小于 300mm，水平焊缝应位于支座的上方。

煤气管道应采取消除静电和防雷的措施。

二、煤气管道的敷设安全要求

（一）架空煤气管道的敷设

煤气管道应架空敷设。若架空有困难，可埋地敷设，但应遵守相关规定。

一氧化碳（CO）含量较高的，如发生炉煤气、水煤气、半水煤气、高炉煤气和转炉煤气等管道不应埋地敷设。

1. 煤气管道架空敷设安全规定

煤气管道架空敷设应遵守下列安全规定：

（1）应敷设在非燃烧体的支柱或栈桥上。

（2）不应在存放易燃易爆物品的堆场和仓库区内敷设。

（3）不应穿过不使用煤气的建筑物、办公室、进风道、配电室、变电所、碎煤室以及通风不良的地点等。如需要穿过不使用煤气的其他生活间，应设有套管。

（4）架空管道靠近高温热源敷设以及管道下面经常有装载炽热物件的车辆停留时，应采取隔热措施。

（5）在寒冷地区可能造成管道冻塞时，应采取防冻措施。

（6）在已敷设的煤气管道下面，不应修建与煤气管道无关的建筑物和存放易燃、易爆物品。

（7）在索道下通过的煤气管道，其上方应设防护网。

（8）厂区架空煤气管道与架空电力线路交叉时，煤气管道如敷设在电力线路下面，应在煤气管道上设置防护网及阻止通行的横向栏杆，交叉处的煤气管道应可靠接地。

（9）架空煤气管道根据实际情况确定倾斜度。

（10）通过企业内铁路调车场的煤气管道不应设管道附属装置。

2. 架空煤气管道与其他管道共架敷设安全规定

架空煤气管道与其他管道共架敷设时，应遵守下列安全规定：

（1）煤气管道与水管、热力管、燃油管和不燃气体管在同一支柱或栈桥上敷设时，其上下敷设的垂直净距不宜小于 250mm。

（2）煤气管道与在同一支架上平行敷设的其他管道的最小水平净距应符合相关规定。

（3）与输送腐蚀性介质的管道共架敷设时，煤气管道应架设在上方，对于容易漏气、漏油、漏腐蚀性液体的部位如法兰、阀门等，应在煤气管道上采取保护措施。

（4）与氧气和乙炔气管道共架敷设时，应遵守 GB 16912—2008《深度冷冻法生产氧气及相关气体安全技术规程》的有关规定和乙炔站设计规范的有关规定。

（5）油管和氧气管宜分别敷设在煤气管道的两侧。

（6）与煤气管道共架敷设的其他管道的操作装置，应避开煤气管道法兰、闸阀、翻板等易泄漏煤气的部位。

(7)在现有煤气管道和支架上增设管道时，应经过设计计算，并取得煤气设备主管单位的同意。

(8)煤气管道和支架上不应敷设动力电缆、电线，但供煤气管道使用的电缆除外。

(9)其他管道的托架、吊架可焊在煤气管道的加固圈上或护板上，并应采取措施，消除管道不同热膨胀的相互影响，但不应直接焊在管壁上。

(10)其他管道架设在管径大于或等于1200mm的煤气管道上时，管道上面宜预留600mm的通行道。

架空煤气管道与建筑物、铁路、道路和其他管线间的最小水平净距，应符合 GB 6222—2005《工业企业煤气安全规程》的规定。

3. 架空煤气管道与铁路、道路、其他管线交叉时的最小垂直安全净距

架空煤气管道与铁路、道路、其他管线交叉时的最小垂直净距，应符合以下安全相关规定：

(1)大型企业煤气输送主管管底距地面净距不宜低于6m，煤气分配主管不宜低于4.5m，山区和小型企业可以适当降低。

(2)新建、改建的高炉脏煤气、半净煤气、净煤气总管一般架设高度：管底至地面净距不低于8m(如该管道的隔断装置操作时不外泄煤气，可低至6m)，小型高炉脏煤气、半净煤气，净煤气总管可低至6m。

(3)新建焦炉冷却及净化区室外煤气管道的管底至地面净距不小于4.5m，与净化设备连接的局部管段可低于4.5m。

(4)水煤气管道在车间外部，管底距地面净空一般不低于4.5m，在车间内部或多层厂房的楼板下敷设时可以适当降低，但要有通风措施，不应形成死角。

4. 架设在厂房墙壁外侧或房顶的煤气分配主管安全规定

煤气分配主管可架设在厂房墙壁外侧或房顶，但应遵守下列安全规定：

(1)沿建筑物的外墙或房顶敷设时，该建筑物应为一、二级耐火等级的丁、戊类生产厂房。

(2)安设于厂房墙壁外侧上的煤气分配主管底面至地面的净距不宜小于4.5m，并便于检修。与墙壁间的净距：管道外径大于或等于500mm 的净距为500mm；外径小于500mm 的净距等于管道外径，但不小于100mm，

并尽量避免挡住窗户。管道的附件应安在两个窗口之间。穿过墙壁引入厂房内的煤气支管，墙壁应有环形孔，不准紧靠墙壁。

（3）在厂房顶上装设分配主管时，分配主管底面至房顶面的净距一般不小于800mm；外径500mm以下的管道，当用填料式或波形补偿器时，管底至房顶的净距可缩短至500mm。此外，管道距天窗不宜小于2m，并不得妨碍厂房内的空气流通与采光。

5. 地沟内敷设煤气管道安全规定

厂房内的煤气管道应架空敷设。在地下室不应敷设煤气分配主管。如生产上必需敷设时，应采取可靠的防护措施。

厂房内的煤气管道架空敷设有困难时，可敷设在地沟内，并应遵守下列规定：

（1）沟内除敷设供同一炉的空气管道外，禁止敷设其他管道及电缆。

（2）地沟盖板宜采用坚固的炉篦式盖板。

（3）沟内的煤气管道应尽可能避免装置附件、法兰盘等。

（4）沟的宽度应便于检查和维修，进入地沟内工作前，应先检查空气中的一氧化碳浓度。

（5）沟内横穿其他管道时，应把横穿的管道放入密闭套管中，套管伸出沟两壁的长度不宜小于200mm。

（6）应防止沟内积水。

6. 其他安全规定

煤气分配主管上支管引接处（热发生炉煤气管除外），必须设置可靠的隔断装置。

车间冷煤气管的进口设有隔断装置、流量传感元件、压力表接头、取样嘴和放散管等装置时，其操作位置应设在车间外附近的平台上。

热煤气管道应设有保温层，热煤气站至最远用户之间热煤气管道的长度，应根据煤气在管道内的温度降和压力降确定，但不宜超过80m。

热煤气管道的敷设应防止由于热应力引起的焊缝破裂，必要时，管道设计应有自动补偿能力或增设管道补偿器。

不同压力的煤气管道连通时，必须设可靠的调压装置。不同压力的放散管必须单独设置。

(二)地下煤气管道的敷设

工业企业内的地下煤气管道的埋设深度,与建筑物、构筑物或相邻管道之间的最小水平和垂直净距,以及地下管道的埋设和通过沟渠等的安全要求,应遵守 GB 50028—2006《城镇燃气设计规范》的有关规定。

管道应视具体情况,考虑是否设置排水器,如设置排水器,则排出的冷凝水应集中处理。

地下管道排水器、阀门及转弯处,应在地面上设有明显的标志。

与铁路和道路交叉的煤气管道,应敷设在套管中,套管两端伸出部分,距铁路边轨不少于 3m,距有轨电车边轨和距道路路肩不少于 2m。

地下管道法兰应设在阀门井内。

三、煤气管道的防腐

架空管道,钢管制造完毕后,内壁(设计有要求者)和外表面应涂刷防锈涂料。管道安装完毕试验合格后,全部管道外表应再涂刷防锈涂料。管道外表面每隔 4~5 年应重新涂刷一次防锈涂料。

埋地管道,钢管外表面应进行防腐处理,并遵守相关规定。在表面防腐蚀的同时,根据不同的土壤,宜采用相应的阴极保护措施。

铸铁管道外表面可只浸涂沥青。

应定期测定煤气管道管壁厚度,建立管道防腐档案。

四、煤气管道的试验

煤气管道的计算压力等于或大于 10Pa 应进行强度试验,合格后再进行气密性试验。计算压力小于 10Pa,可只进行气密性试验。

(一)煤气管道压力计算规定

常压煤气发生炉出口至煤气加压机前的管道和热煤气发生炉输送管道,计算压力为发生炉出口自动放散装置的设定压力,也等于最大工作压力。

水煤气发生炉进口管道计算压力等于气化剂进入炉底内的最大工作压力,水煤气出口管道计算压力等于炉顶的最大工作压力。

常压高炉至半净煤气总管的管道,计算压力等于高炉炉顶的最大工作压力，净煤气总管及以后的管道，计算压力等于过剩煤气自动放散装置的最大设定压力，净高炉煤气管道系统设有自动煤气放散装置时，计算压力等于高炉炉顶的正常压力。

高压高炉至减压阀组前的管道，设计压力等于高炉炉顶的最大工作压力，减压阀组后的煤气管道，设计压力等于煤气自动放散装置的最大设定压力。

焦炉煤气或直立连续式炭化炉煤气抽气管的煤气计算压力等于煤气抽气机所产生的最大负压力的绝对值，净煤气管道计算压力等于煤气自动放散装置的最大设定压力，净煤气管道系统没有自动放散装置时，计算压力等于抽气机最大工作压力。

转炉煤气抽气机前的煤气管道计算压力等于煤气抽气机产生的最大负压力的绝对值。

煤气加压机(抽气机)入口前的管道，计算压力等于剩余煤气自动放散装置的最大设定压力；煤气加压机(抽气机)出口后的煤气管道，计算压力等于加压机(抽气机)入口前的管道计算压力加压机(抽气机)最大升压。

天然气管道计算压力为最大工作压力。

混合煤气管道的计算压力按混合前较高的一种管道压力计算。

(二)煤气管道试验规定

煤气管道可采用空气或氮气做强度试验和气密性试验，并应做生产性模拟试验。

煤气管道的试验，应遵守下列规定：

(1)管道系统施工完毕，应进行检查，并应符合有关规定。

(2)对管道各处连接部位和焊缝，经检查合格后，才能进行试验，试验前不得涂漆和保温。

(3)试验前应制定试验方案，附有试验安全措施和试验部位的草图，征得安全部门同意后才能进行。

(4)各种管道附件、装置等，应分别单独按照出厂技术条件进行试验。

(5)试验前应将不能参与试验的系统、设备、仪表及管道附件等加以隔断；安全阀、泄爆阀应拆卸，设置盲板部位应有明显标记和记录。

（6）管道系统试验前，应用盲板与运行中的管道隔断。

（7）管道以闸阀隔断的各个部位，应分别进行单独试验，不应同时试验相邻的两段；在正常情况下，不应在闸阀上堵盲板，管道以插板或水封隔断的各个部位，可整体进行试验。

（8）用多次全开、全关的方法检查闸阀、插板、蝶阀等隔断装置是否灵活可靠；检查水封、排水器的各种阀门是否可靠；测量水封、排水器水位高度，并把结果与设计资料相比较，记入文件中。排水器凡有上、下水和防寒设施的，应进行通水、通蒸汽试验。

（9）清除管道中的一切脏物、杂物，放掉水封里的水，关闭水封上的所有阀门，检查完毕并确认管道内无人，关闭人孔后，才能开始试验。

（10）试验过程中如遇泄漏或其他故障，不应带压修理，测试数据全部作废，待正常后重新试验。

（三）煤气管道强度试验规定

架空管道气压强度试验的压力应为计算压力的 1.15 倍，压力应逐级缓升，首先升至试验压力的 50%，进行检查，如无泄漏及异常现象，继续按试验压力的 10% 逐级升压，直至达到所要求的试验压力。每级稳压 5min，以无泄漏、目测无变形等为合格。

埋地煤气管道强度试验的试验压力为计算压力的 1.5 倍。

（四）架空煤气管道严密性试验规定

架空煤气管道经过检查，符合规定后，进行严密性试验。试验压力如下：加压机前的室外管道为计算压力加 $5 \times 10^3 Pa$，但不小于 $2 \times 10^4 Pa$；加压机前的室内管道为计算压力加 $1.5 \times 10^4 Pa$，但不小于 $3 \times 10^4 Pa$；位于抽气机、加压机后的室外管道应等于加压机或抽气机最大升压加 $2 \times 10^4 Pa$；位于抽气机、加压机后的室内管道应等于加压机或抽气机最大升压加 $3 \times 10^4 Pa$；常压高炉（炉顶压力小于 $3 \times 10^4 Pa$ 者为常压高炉）的煤气管道（包括净化区域内的管道）为 $5 \times 10^4 Pa$，高压高炉减压阀组前的煤气管道为炉顶工作压力的 1.0 倍，减压阀组后的净煤气总管为 $5 \times 10^4 Pa$；常压发生炉脏煤气、半净煤气管道为炉底最大送风压力，但不得低于 $3 \times 10^3 Pa$；转炉煤气抽气机前气冷却、净化设备及管道为计算压力加 $5 \times 10^3 Pa$。

（五）地下煤气管道的气密性试验规定

试验前应检查地下管道的坐标、标高、坡度、管基和垫层等是否符合设计要求，试验用的临时加固措施是否安全可靠；对于仅需做气密性试验的地下煤气管道，在试验开始之前，应采用压力与气密性试验压力相等的气体进行反复试验，及时消除泄漏点，然后正式进行试验。

长距离煤气管道做气密性试验时，应在各段气密性试验合格后，再做一次整体气密性试验。

地下煤气管道应将土回填至管顶50cm以上，为使管道中的气体温度和周围土壤温度一致，需停留一段时间后才能开始气密性试验，停留时间应遵守 GB 6222—2005 表9 的规定。

第七章 煤气检测与检修安全技术

第一节 煤气检测安全技术

通常所说的煤气检测一般是通过检测泄漏的一氧化碳气体浓度来作为报警判断的，如果是含氢多的煤气，可以采用检测泄漏氢气的浓度报警。

在煤气事故的防范措施中，采用煤气报警和煤气检测仪最为直接有效。

煤气检测仪的关键部件是气体传感器。气体传感器从原理上可以分为以下3大类：

利用物理化学性质的气体传感器：如半导体式（表面控制型、体积控制型、表面电位型）、催化燃烧式、固体热导式等。

利用物理性质的气体传感器：如热传导式、光干涉式、红外吸收式等。

利用电化学性质的气体传感器：如定电位电解式、迦伐尼电池式、隔膜离子电极式、固定电解质式等。

一、煤气检测仪及其特点

煤气探测器在工业气体泄漏检测报警装置中，是工业用可燃气体及有毒气体安全检测仪器，如图7-1、图7-2所示。它可以固定安装在有被测气体泄漏的室内、外危险场所，起到现场监测的作用。若监测位置有可燃气体或者有毒气体泄漏时，气体探测器会在第一时间，把现场泄漏的易燃、易爆气体或者有毒气体浓度数据，传输给气体报警控制器，由气体报警控制器进行数据处理。

图7-1　煤气检测仪　　　　图7-2　煤气罐检测器

煤气检测仪主要特点如下：

(1)测量准确，传感器使用进口敏感元件，具有精确度高，互换性强，可靠性高等特点。

(2)隔爆型防爆，可用于工厂条件的危险场所。

(3)传感器保护，传感器探测头部分采用不锈钢材质，有效的起到防腐蚀的作用；传感器的过滤网为不锈钢颗粒，透气度良好。

(4)具有良好的重复性和抗湿温度干扰性。

(5)性能稳定，灵敏度高。

(6)使用寿命长。

(7)体积小、操作方便。

(8)采用三线制结构，由监控仪表或控制器远离现场察看探测结果。

(9)现场可带显示和无显示形式。

二、煤气检测仪的安装

煤气检测仪的安装有固定支架、管装、墙壁装等几种方式。

气体探测器应安装在气体易泄漏场所，具体位置应根据被检测气体相对于空气的比重决定：

(1)当被检测气体比重大于空气比重时，气体探测器应安装在距离地面30～60cm处，且传感器部位向下。

(2)当被检测气体比重小于空气比重时，气体探测器应安装在距离顶棚30～60cm处，且传感器部位向下。

固定式气体探测器针对气体一对一检测。

当检测范围为 $12 \sim 15m^2$ 时，可燃气体使用催化燃烧式传感器，有毒气体使用电化学式传感器。

为了正确使用气体探测器，防止气体探测器故障的发生，以下位置不得安装煤气检测仪：

(1)直接受蒸汽、油烟影响的地方；

(2)给气口、换气扇、房门等风量流动大的地方；

(3)水汽、水滴多的地方(相对湿度≥95%)；

(4)温度在 -40℃ 以下或65℃以上的地方；

(5)有强电磁场的地方。

三、煤气报警的原理

煤气泄漏报警器是非常重要的安全设备，它是安全使用城市煤气的最后一道保护如图7-3、图7-4所示。煤气泄漏报警器通过气体传感器探测周围环境中的低浓度可燃气体，通过采样电路，将探测信号用模拟量或数字量传递给控制器或控制电路，当可燃气体浓度超过控制器或控制电路中设定的值时，控制器通过执行器或执行电路发出报警信号或执行关闭煤气阀门等动作。可燃气体报警器探测可燃气体的传感器主要有氧化物半导体型、催化燃烧型、热线型气体传感器，还有少量的其他类型，如化学电池类传感器。这些传感器都是通过对周围环境中的可燃气体的吸附，在传感器表面产生化学反应或电化学反应，造成传感器的电物理特性的改变。

图7-3 煤气泄漏检测仪

图7-4 煤气泄漏监测报警仪

煤气报警器的核心是气体传感器，俗称"电子鼻"。这是一个独特的电阻，当"闻"到煤气时，传感器电阻随煤气浓度而变化，煤气达到一定浓度，电阻达到一定水平时，传感器就可以发出声光报警。所谓声光报警，就是当煤气泄漏使室内浓度达到报警器浓度后，报警器的红色指示灯亮，蜂鸣器发出"辟辟"的报警声，所以叫做声光报警。质量不过关的传感器，一般 1～2 年性能就下降，因而丧失报警器的安全性。报警器中的其他电子元件(例如变压器、电容器、晶体管等)的寿命都有限，所以煤气报警器都有有效期。为保安全，一般规定 5 年后必须更换新的报警器。

煤气报警器主要有感应器、信号放大器、报警器和电源 4 个部分。

感应器主要有气敏电阻或气敏半导体，报警器有声报警、光报警和声光并用报警。

煤气泄漏，感应器感应出电信号，送到放大器放大，放大了的信号推动报警器工作。

四、煤气检测仪使用及注意事项

煤气报警器使用者使用气体探测器过程中，如果将空调和取暖设备靠近可燃性气体检测仪安装，当使用空调和取暖设备，冷、暖气流直接吹过可燃气体报警器，使用者使用可燃性气体检测仪应注意防电磁干扰。

煤气报警器安装位置、安装角度、防护措施以及系统布线等方面应防电磁干扰。电磁环境对可燃气体报警器的影响途径主要有 3 条：空中电磁波干扰、电源及其他输入输出线上的窄脉冲群以及人体静电。

例如：可燃气体报警器接近空调安装时，将会引起系统的探测出现偏差；探测线路与动力线、照明线等强电线路间距较小，而未加防电磁干扰措施，系统亦将产生探测偏差。使用者使用可燃性气体检测仪过程中应注意易引起故障的因素，如灰尘、高温、潮湿、雨淋等。

当安装煤气报警器的场所需安装排气扇时，排气扇如与可燃性气体检测仪处在相邻设置，就有可能造成煤气报警器铂丝的电阻率发生变化出现误差，因此可燃气体报警器应远离空调、取暖设备，避免设置位置不当引发故障。

如散发可燃气体的甲类厂房应选用防爆型的煤气报警器，其防爆等级不应低于现行规范相应的防爆等级要求。泄漏的可燃气体将无法充分扩散到可燃气体报警器附近，造成不能及时探测，怡误时机。

另外，使用者还应注意防爆场所的可燃性气体检测仪的设置，使用可燃性气体检测仪还应注意避免高温、高湿、蒸汽、油烟可到的地方。探测器上勿放置物品或挂置物品。装好的可燃性气体检测仪不能任意移动位置。使用煤气报警器尽量选用传感器探头可更换的产品，以便于使用。很多人在遇到煤气泄漏的时候都手忙脚乱，不知道该采取什么措施。

以下是煤气泄漏后的处置方法：

(1)关闭气源，打开门窗，用水沾湿毛巾捂口鼻；

(2)千万不要随意打电话、开灯，因为那样会引爆燃气；

(3)迅速拨打 119 报警电话；

(4)迅速撤离房间，以防万一；

(5)正确使用煤气报警装置。

第二节　煤气检修安全技术

一、煤气设施检修安全技术

各类煤气设施的操作必须严格执行岗位操作规程，管网的停复工操作，必须制定作业方案并严格执行。

煤气设施的检修，必须制订检修方案、事故预案及安全措施，严格贯彻执行。

凡进入煤气危险区域参加检修等作业的有关人员，必须经过煤气安全知识教育，携带一氧化碳检测报警仪。

煤气区域或煤气管道 40m 范围内不准搭建临时工棚或堆放易燃、易爆物品，值班室必须装设一氧化碳固定监测报警装置，在此范围内的各类检修作业等人员不准逗留休息、睡觉，应携带便携式一氧化碳检测报警仪。

凡在煤气设备上进行带煤气作业时，设备单位应办理相关作业"许可证"、制订相应对策，提前提出申请，取得许可，并落实安全措施，配置一氧化碳检测报警仪和防毒面具。

停煤气检修时，必须可靠地切断煤气来源，并将残余气体置换合格（CO 浓度小于 50×10^{-6}、O_2 浓度在 18% ~23% 之间）。长期检修或停用的煤气设备，必须加装盲板，打开上下人孔、放散管，保持设备内自然通风。

进入煤气设备内部作业时，应取空气样作一氧化碳、氧气含量测定。取样时间不得早于进塔(器)或动火前半小时。作业中应根据情况经常进行测定。当空气中 O_2 浓度在 18% ~23% 之间、CO 浓度小于 50×10^{-6} 时可连续工作；在 100×10^{-6} 时，连续工作时间不得超过 1h；在 150×10^{-6} 时，连续工作时间不得超过 30min；在 200×10^{-6} 时，连续工作时间不得超过 15 ~20min。每次工作的间隔时间至少须 2h 以上，应采取防护措施，并设专人监护，防止煤气中毒、着火、爆炸。

在煤气设备上动火，必须要有作业方案和安全措施，并取得设备使用单位安全技术部门和保安驻厂部门签发的动火许可证后方可动火。并注意以下几点：①动火前必须清除动火点周围的易燃物，一氧化碳浓度检测合格(小于 50×10^{-6})，并备好消防器材；②在运行的煤气设备上动火需保持正压，只准电焊，不准气焊，动火部位要可靠接地，并备有必要的通信工具、风向标志，安装压力表并派专人看守，发现异常立即停止动火；③焦炉煤气设备或焦炉煤气的混合煤气设备，停工动火时应带微压氮气(或蒸汽)进行，防止焦炉煤气中的其他物质着火。

打开煤气加压机、脱硫、贮罐等煤气系统的设备和管道时，必须采取防止硫化物自燃的安全措施。

煤气管道放散管、补偿器(膨胀管)安全规定：①煤气设备和煤气管道在检修前需进行气体置换，放散管必须畅通；②在日常运行中，煤气管道补偿器的吊紧螺栓要保持可靠好用、伸缩无阻。

煤气水封(拂水器)安全规定：①各作业区对管辖的煤气水封、液封管运行状况，每天早班检查一次，并作好运行记录；②各作业区对管辖的煤气水封，二次闸阀每月进行一次保养(紧急状况时闸阀开关要自如)；③各作业区对管辖的煤气水封简体不定期进行简体内沉淀物清扫(确保排水器排水正常)；④各作业区对管辖的煤气水封满流管、漏斗及集液管应保持畅通(确保煤气、凝水无外溢)；⑤各作业区对煤气水封进行周期点检。

蒸汽管、氮气管、氨水管安全规定：①为防止煤气窜入蒸汽或氮气管内，只有在通蒸汽或氮气时，才能把蒸汽管或氮气管与煤气管连通，停用时必须及时断开或堵盲板；②对符合国标要求的介质，设备管道相连接的点，停用时必须使排放阀常开；③对确因生产需求，不能断开的连接点，各装置负责人要加强管理，在设备、操作、检修联络安全等方面制定对策；④凡与煤气设备、管道相连接的蒸汽、氮气、氨水、水等管道，在检修时一律作煤气管道对待。

煤气设备应有良好的接地装置，每年定期进行接地电阻测定，其电阻值不大于10Ω。

(带)煤气抽堵盲板作业注意事项如下：

(1)凡在煤气主作业线管道上进行(带)煤气抽、堵盲板作业，需提前3天提出申请煤气危险作业许可证。

(2)脚手架：①安装管式金属脚手架时禁止使用弯曲、压扁或者有裂纹的管子；②斜道的铺设宽度为1.2~1.5m，坡度不能大于1∶3；③斜道的防滑木条间隔不能大于30cm；④斜道的大横杆间隔不能大于1.5m；⑤脚手板和斜道板要铺设于架子的横杆上，并且加设1.0m高的栏杆。

(3)严格按各装置氮气置换煤气操作流程进行作业，作业区域周围40m内严禁火源。

(4)严格贯彻执行生产、点检、检修三方确认，三方挂牌制度。

(5)(带)煤气抽堵盲板作业人员必须遵守以下安全规定：①必须持证上岗，能正确使用空气呼吸器；②工作前必须熟悉现场环境，做好施工作业流程，进行书面危险预告活动；③作业前必须对空气呼吸器进行全面检查；④作业前必须对盲板、垫圈尺寸进行核对，盲板两侧必须涂上黄油；⑤作业时必须穿戴棉制工作服；⑥作业时必须使用铜质工具或工作面涂上黄油的工具；⑦工作点附近设测压仪表或临时压力计。

(6)打开煤气设备管道时，必须采取防止硫化物等自燃的措施。

除有特别规定外，任何煤气设备均必须保持正压操作，在设备停止生产而保压又有困难时，则应可靠地切断煤气来源，并将内部煤气吹净。

吹扫和置换煤气设施内部的煤气，应用蒸汽、氮气或烟气为置换介质。吹扫或引气过程中，不应在煤气设施上栓、拉电焊线，煤气设施周围40m

内严禁火源。

煤气设施内部气体置换是否达到预定要求，应按预定目的，根据含氧量和一氧化碳分析或爆发试验确定。

炉子点火时，炉内燃烧系统应具有一定的负压，点火程序必须是先点燃火种后给煤气，不应先给煤气后点火。凡送煤气前已烘炉的炉子，其炉膛温度超过800℃时，可不点火直接送煤气，但应严密监视其是否燃烧。

送煤气时不着火或者着火后又熄灭，应立即关闭煤气阀门，查清原因，排净炉内混合气体后，再按规定程序重新点火。

凡强制送风的炉子，点火时应先开鼓风机但不送风，待点火送煤气燃着后，再逐步增大供风量和煤气量。停煤气时，应先关闭所有的烧嘴，然后停鼓风机。

固定层间歇式水煤气发生系统若设有燃烧室，当燃烧室温度在500℃以上，且有上涨趋势时，才能使用二次空气。

直立连续式炭化炉操作时必须防止炉内煤料"空悬"。严禁同一孔炭化炉同时捣炉和放焦。炉底要保持正压。

煤气系统的各种塔器及管道在停产通蒸汽吹扫煤气合格后，不应关闭放散管；开工时，若用蒸汽置换空气合格后，可送入煤气，待检验煤气合格后，才能关闭放散管，但不应在设备内存在蒸汽时骤然喷水，以免形成真空压损设备。

送煤气后，应检查所有连接部位和隔断装置是否泄漏煤气。

各类离心式或轴流式煤气风机均应采取有效的防喘震措施。除应选用符合工艺要求、性能优良的风机外，还应定期对其动、静叶片及防喘震系统进行检查，确保处于正常状态。煤气风机在启动、停止、倒机操作及运行中，不应处于或进入喘震工况。

二、煤气设施检修安全注意事项

煤气设施停煤气检修时，应可靠地切断煤气来源并将内部煤气吹净。长期检修或停用的煤气设施，应打开上、下人孔、放散管等，保持设施内部的自然通风。

进入煤气设施内工作时，应检测一氧化碳及氧气含量。经检测合格，允许进入煤气设施内工作时，应携带一氧化碳及氧气监测装置，并采取防护措施，设专职监护人。一氧化碳含量不超过 $30mg/m^3$（24ppm）时，可较长时间工作；一氧化碳含量不超过 $50mg/m^3$ 时，入内连续工作时间不应超过 1h；不超过 $100mg/m^3$ 时，入内连续工作时间不应超过 0.5h；在不超过 $200mg/m^3$ 时，入内连续工作时间不应超过 15～20min。

工作人员每次进入设施内部工作的时间间隔至少在 2h 以上。

进入煤气设备内部工作时，安全分析取样时间不应早于动火或进塔（器）前 0.5h，检修动火工作中每 2h 应重新分析。工作中断后恢复工作前 0.5h，也应重新分析，取样应有代表性，防止死角。当煤气比重大于空气时，取中、下部各一气样；煤气比重小于空气时，取中、上部各一气样。

打开煤气加压机、脱硫、净化和贮存等煤气系统的设备和管道时，应采取防止硫化物等自燃的措施。

带煤气作业或在煤气设备上动火，应有作业方案和安全措施，并应取得煤气防护站或安全主管部门的书面批准。

带煤气作业如带煤气抽堵盲板、带煤气接管、高炉换探料尺、操作插板等危险工作，不应在雷雨天进行，不宜在夜间进行；作业时，应有煤气防护站人员在场监护；操作人员应佩戴呼吸器或通风式防毒面具，并应遵守下列规定：

（1）工作场所应备有必要的联系信号、煤气压力表及风向标志等。

（2）距工作场所 40m 内，不应有火源并应采取防止着火的措施，与工作无关人员应离开作业点 40m 以外。

（3）应使用不发火星的工具，如铜制工具或涂有很厚一层润滑油脂的铁制工具。

（4）距作业点 10m 以外才可安设投光器。

（5）不应在具有高温源的炉窑等建、构筑物内进行带煤气作业。

在煤气设备上动火，除应遵守上述有关规定外，还应遵守下列规定：

（1）在运行中的煤气设备上动火，设备内煤气应保持正压，动火部位应可靠接地，在动火部位附近应装压力表或与附近仪表室联系。

（2）在停产的煤气设备上动火，除应遵守上述规定外，还应遵守：用可燃气体测定仪测定合格，并经取样分析，其含氧量接近作业环境空气中的含氧量；将煤气设备内易燃物清扫干净或通上蒸汽，确认在动火全过程中不形成爆炸性混合气体。

电除尘器检修前，应办理检修许可证，采取安全停电的措施。进入电除尘器检查或检修，除应遵守有关安全检修和安全动火的规定外，还应遵守以下事项：

（1）断开电源后，电晕极应接地放电；

（2）入内工作前，除尘器外壳应与电晕极连接；

（3）电除尘器与整流室应有联系信号。

进入煤气设备内部工作时，所用照明电压不得超过12V。

加压机或抽气机前的煤气设施应定期检验壁厚，若壁厚小于安全限度，应采取措施后，才能继续使用。

在检修向煤气中喷水的管道及设备时，应防止水放空后煤气倒流。

三、煤气净化装置罐内作业安全管理主要内容

（一）罐内作业定义

凡进入塔、釜、槽、罐、箱、炉膛、锅筒、管器、容器以及密闭地坑、地沟、阴井、下水道或其他闭塞场所进行的作业，均为罐内作业。

由于罐内活动空间较小，空气流动不畅，储存过危害物质，以及低于地面的场所极有可能积聚有毒、有害气体，如检修人员或生产操作人员贸然进入，就有伤害身体健康和危及生命的可能。

（二）作业前的准备工作

进入罐内作业前必须采取安全可靠的隔绝措施，即将设备本体上与外界连通的所有管道插上有效盲板或完全断开，切断相关电器电源等方法，让其与系统隔离。将所有的盲板位置、数量等在罐内作业堵盲板确认表上标明（表7－1）。

罐内作业的准备工作必须经清扫、清洗和置换（特别要注意设备的死角）之后，还必须同时达到以下条件：

（1）冲洗后的水溶液 pH 值在6~9范围内。

（2）设备内部含氧量大于18%。

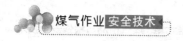

表 7-1　罐内作业堵盲板确认表

厂		作业区		设 备	
设备流程、盲板位置：					
编号	盲板情况说明		确认者		日期
1					
2					
3					
作业长：　　年　月　日			安全员：　　　年　月　日		

(3)必要时，可根据需要对其中的主体有毒介质，进行浓度安全分析或鸽子试验。有毒气体浓度符合国家相关卫生标准。

(4)设备的清扫、清洗、置换事先要有方案，在实施设备的清扫、清洗、置换过程中要有详细的记录；设备的清扫、清洗、置换后，工作的实施者、确认人、作业长要认真检查，确认签字后方为有效(见表7-2)。

表 7-2　罐内作业清洗置换确认表

厂		作业区		设 备	
清扫、清洗、置换方案：					
清扫、清洗、置换工作详细记录：					
编号	清扫等工作实施情况		清扫者	确认者	备注
1					
2					
3					
4					
作业长：　　年　月　日			安全员：　　　年　月　日		

为了保持设备内部有足够的氧气，减小有害气体的浓度，必须将设备上所需的人孔、手孔、料孔、风门、烟道翻板等打开，加强自然通风或采

取机械通风。但注意严格禁止使用氧气作为通风手段，防止造成意外伤害事故。

（三）作业时的要求

作业时必须事先办理好罐内作业安全确认表，并经生产方、点检方、检修方等三方签字确认（见表7-3）。

表7-3　罐内作业安全确认表

采样点	清扫情况				清扫时间	清扫压力	通风时间	分析情况		堵盲板情况			备注
	风扫	汽扫	水洗	氮气				氧含量/%	CO含量/×10^{-6}	蒸汽	氮气	COG	

检修方监护人：　　　　　生产方监护人：　　　　　检测人：

确认签字：生产方：　　　　　点检方：　　　　　检修方：

审批签字：生产厂长：

罐内作业人员，必须正确穿戴好相应的劳动保护用品和佩戴规定的防护用具。

罐内作业时，检修方必须有专人监护，监护人应由具有工作经验的专业人员担任。在进行危险作业时，生产方也必须派有经验的操作工担任现场监护人。

如需在罐内进行动火作业，则罐内的可燃性气体浓度，必须经测爆合格，达到动火要求，方可实施动火作业。具体办理动火作业手续按化工动火作业制度执行。

如在较小的设备内部检修，不可有两种以上工种同时进行（含两种工种），更不能进行上下立体交叉作业。在高大的容器以及较深的地坑内，事先要搭设安全梯、安全脚手架等应急设施，作为紧急撤离通道。

（四）特殊作业

遇有特殊情况，在罐内没有来得及完成清扫及置换步骤时，则进入前必须认真对待，高度重视，充分采取相应的个人防护措施。

在缺氧有毒的环境中，应当正确佩戴空气呼吸器。

在易燃易爆的环境中，应采用防爆型的 12V 低压行灯或防爆电筒和不会发生电火花的工器具。

在具有酸、碱、酚、氨等腐蚀性的介质污染的环境中，应穿戴有效的全身劳动防护用品。

佩戴空气呼吸器等防护面具的各项罐内作业，应量力而行，每隔半小时必须更换 1 次。

第八章 突发煤气作业事故应急处置

第一节 煤气中毒

煤气中毒主要指一氧化碳中毒，液化石油气、管道煤气、天然气中毒。前者多见于冬天用煤炉取暖，门窗紧闭，排烟不良时；后者常见于液化灶具漏泄或煤气管道漏泄等。煤气易与人体中的血红蛋白结合。煤气中毒时病人最初感觉为头痛、头昏、恶心、呕吐、软弱无力，当他意识到中毒时，常挣扎下床开门、开窗，但一般仅有少数人能打开门，大部分病人迅速发生抽痉、昏迷，两颊、前胸皮肤及口唇呈樱桃红色，如救治不及时，可很快因呼吸抑制而死亡。煤气中毒取决于其吸入空气中所含一氧化碳的浓度以及中毒时间的长短，当居室内一氧化碳体积达 0.06% 时，人会感到头晕、头痛、恶心、呕吐、四肢乏力等症状；超过 0.1% 时，只要吸入半小时，人即会昏睡，进而昏迷；达到 0.4% 时，只要吸入 1h 就可致人于死亡状。

一、煤气中毒类型

煤气中毒常分 3 种类型：

(1)轻型：中毒时间短，血液中碳氧血红蛋白为 10% ~20%。表现为中毒的早期症状，头痛眩晕、心悸、恶心、呕吐、四肢无力，甚至出现短暂的昏厥，一般神志尚清醒，吸入新鲜空气，脱离中毒环境后，症状迅速消失，一般不留后遗症。

(2)中型：中毒时间稍长，血液中碳氧血红蛋白占 30% ~40%，在轻型症状的基础上，可出现虚脱或昏迷。皮肤和黏膜呈现煤气中毒特有的樱桃红色。如抢救及时，可迅速清醒，数天内完全恢复，一般无后遗症状。

（3）重型：发现时间过晚，吸入煤气过多，或在短时间内吸入高浓度的一氧化碳，血液碳氧血红蛋白浓度常在50%以上，病人呈现深度昏迷，各种反射消失，大小便失禁，四肢厥冷，血压下降，呼吸急促，会很快死亡。一般昏迷时间越长，预后越严重，常留有痴呆、记忆力和理解力减退、肢体瘫痪等后遗症。

二、中毒原因

在生产场所，因设备、管道等煤气泄漏，现场氧含量减少，缺氧引起煤气中毒。

三、中毒机理

一氧化碳无色无味，常在意外情况下，特别是在睡眠中不知不觉侵入呼吸道，通过肺泡的气体交换，进入血液，并散布全身，造成中毒。

一氧化碳攻击性很强，空气中含0.04%～0.06%或更高浓度时很快进入血液，在较短的时间内强占人体内所有的红细胞，紧紧抓住红细胞中的血红蛋白不放，使其形成碳氧血红蛋白，取代正常情况下氧气与血红蛋白结合成的氧合血红蛋白，使血红蛋白失去输送氧气的功能。一氧化碳与血红蛋白的结合力比氧与血红蛋白的结合力大300倍。一氧化碳中毒后人体血液不能及时供给全身组织器官充分的氧气，这时，血中含氧量明显下降。大脑是最需要氧气的器官之一，一旦断绝氧气供应，体内的氧气只够消耗10min，很快就会造成人的昏迷并危及生命。

四、临床表现

轻度：头痛、头晕、心慌、恶心、呕吐等症状；

中度：面色潮红、口唇樱桃红色、多汗、烦躁、逐渐昏迷；

重度：神志不清、呼之不应、大小便失禁、四肢发凉、瞳孔散大、血压下降、呼吸微弱或停止、肢体僵硬或瘫软、心肌损害或心律失常。

五、并发症状

开始有头晕、头痛、耳鸣、眼花，四肢无力和全身不适，症状逐渐加重则有恶心、呕吐、胸部紧迫感，继之昏睡、昏迷、呼吸急促、血压下降，以至死亡。

六、煤气中毒事故的处理规则

（1）发生煤气中毒、着火、爆炸和大量泄漏煤气等事故，应立即报告调度室和煤气防护站。如发生煤气着火事故应立即挂火警电话，发生煤气中毒事故应立即通知附近卫生所。发生事故后应迅速查明事故情况，采取相应措施，防止事故扩大。

（2）抢救事故的所有人员都应服从统一领导和指挥，指挥人应是企业领导人（厂长、车间主任或值班负责人）。

（3）事故现场应划出危险区域，布置岗哨，阻止非抢救人员进入。进入煤气危险区的抢救人员应佩带呼吸器，不应用纱布口罩或其他不适合防止煤气中毒的器具。

（4）未查明事故原因和采取必要安全措施前，不应向煤气设施恢复送气。

七、煤气中毒处理总的原则

将中毒者及时迅速地救出煤气危险区域，抬到空气新鲜的地方，解除一切阻碍呼吸的衣物，并注意保暖。抢救场所应保持清静、通风，并指派专人维持秩序。

中毒轻微者，如出现头痛、恶心、呕吐等症状，可直接送往附近医院急救。

中毒较重者，如出现失去知觉、口吐白沫等症状，应通知煤气防护站和附近医院赶到现场急救。

中毒者已停止呼吸，应在现场立即做人工呼吸并使用苏生器，同时通知煤气防护站和附近医院赶到现场抢救。

中毒者未恢复知觉前，不得用急救车送往较远医院急救，就近送往医院抢救时，途中应采取有效的急救措施，并应有医务人员护送。

有条件的企业应设高压氧仓，对煤气中毒者进行抢救和治疗。

八、煤气中毒急救误区

煤气中毒急救要尊重科学，不能盲目施救。如果陷入误区，将导致严重后果。

误区一：一位母亲发现儿子和儿媳煤气中毒，她迅速将儿子从被窝里搜出放在院子里，并用冷水泼在儿子身上。当她欲将儿媳从被窝里搜出时，救护车已来到，儿子因缺氧加寒冷刺激，心跳停止死亡。儿媳则经医院抢救脱离了危险。另有一爷孙二人同时中了煤气，村子里的人将两人抬到屋外，未加任何保暖措施。抬出时两人都有呼吸，待救护车来到时爷爷已气断身亡，孙子因严重缺氧导致心脑肾多脏器损伤，两天后死亡。

寒冷刺激不仅会加重缺氧，更能导致末梢循环障碍，诱发休克和死亡。因此，发现煤气中毒后一定要注意保暖，并迅速向"120"呼救。

误区二：一些劣质煤炭燃烧时有股臭味，会引起头疼头晕。而煤气是一氧化碳气体，是无色无味的，是碳不完全燃烧生成的。有些人认为屋里没有臭渣子味儿就不会煤气中毒，这是完全错误的。

误区三：科学证实，一氧化碳是不溶于水的，要想预防中毒，关键是门窗不要关得太严或安装风斗，烟囱要保持透气良好。

误区四：有一位煤气中毒患者深度昏迷，大小便失禁。经医院积极抢救，两天后患者神志恢复，要求出院，医生再三挽留都无济于事。后来，这位患者不仅遗留了头疼、头晕的毛病，记忆力严重减退，还出现哭闹无常、注意力不集中等神经精神症状，家属对让患者早出院的事感到后悔莫及。

煤气中毒患者必须经医院的系统治疗后方可出院，有并发症或后遗症者出院后应口服药物或进行其他对症治疗，重度中毒患者需一两年才能完全治愈。

第二节　煤气火灾

用作燃料的可燃气体称为煤气，它已成为城镇居民公共事业及工业用户的重要燃料资源，煤气的生产可分为天然生产和人工制造两种。生产煤气的原料主要是煤和渣油，人工制造的方法主要有焦炉制气、炭化炉制气、水煤气炉制气、发生炉制气、油制气等。通过制气生产的粗煤气还要经过净化处理，达到规定要求，通过计量室计量后，才可压送入储气柜或煤气输配管网供用户使用。煤气净化处理过程包括冷凝冷却、排送、脱焦油雾、脱氨、脱苯、脱硫和脱萘等工序。在煤气生产过程中，还可回收数百种化工副产品。

煤气燃烧无烟，不污染环境，火力强，热效率高，以煤气作燃料有利于节约能源。但煤气的易燃易爆、有毒等特性，决定了其在生产和输配过程中潜在的火灾爆炸危险性。煤气厂（站）一旦遭灾停产，不仅危及人员生命安全和造成国家财产损失，并且影响居民的日常生活和工业生产。

一、煤气作业过程的火灾危险性

煤气与空气能形成爆炸性气体混合物，火灾爆炸的危险情况一般在开炉、停炉、闷炉、煤在炉中悬挂下坠、突然断电、突然断水、检修时，以及煤气泄漏时发生。其间主要的点火源有生产设备的高温物体；检修时的焊割、喷灯和明火；雷击、静电；电气设备及线路产生的电火花；铁器碰击、摩擦产生的火星；吸烟等，纵火等恐怖活动也能引发煤气火灾。

（一）原料准备过程

以煤为原料的煤气生产厂，由于煤在储存时，堆放方法不当、堆放过高过大、堆放时间过长，会导致氧化放热积而不散发生自燃，煤在粉碎、研磨、筛分或装卸、皮带输送过程中，也易造成煤粉尘飞扬引发粉尘爆炸。

以渣油为原料的煤气生产厂，由于油品在储存、装卸及输送过程中可能泄漏流散，会使油蒸汽扩散到空气中产生火灾危险。此外，当遭受雷击、

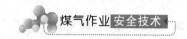

静电，以及在设备检修时动用明火，都可引燃油品。

（二）制气生产过程

利用焦炉制气时，焦炉的炉门和顶部有时会冒出浓烟烈火，引燃附近的可燃物，加热用的煤气管道或阀门管件发生泄漏，也会受炉内喷出的火焰或高温炉壁作用起火或爆炸。

利用炭化炉制气时，烟煤会在高温下熔成胶质状，黏附在炉壁上积聚悬空，堵塞通道，当负重过大时会突然下坠，使炉内下部空间的煤气急速从炉底压出。同时又从炉顶吸入大量空气，而在炉膛内与粗煤气混合形成爆炸性气体，受高热的炉温作用发生爆炸。此外，从炉下部推出的大量煤气，也存在着空间爆炸的危险。

利用水煤气炉制气时，由于水煤气中的主要成分为一氧化碳和氢气，如果发生泄漏或生产系统中吸入空气，则会形成爆炸性气体混合物而发生爆炸事故。

利用发生炉制气时，生产过程的火灾危险基本与水煤气炉制气的火灾危险相同。此外，发生炉顶的操作室也是发生煤气泄漏的关键部位，具有潜在的火灾危险。

油制气时，因油品本身的火灾危险性，使其在催化反应器、废热锅炉、蒸气蓄热器、空气蓄热器等主要生产设备中有发生火灾爆炸的可能。油制气产生的副产品萘和焦油等也属于易燃和可燃物。

（三）净化处理过程

在排送工序中，设备、管道出现破裂或因操作失误，会发生煤气外泄或吸入空气，特别是排送机的轴封部位易出现微量泄漏，有形成爆炸性混合物的危险。

在脱氨工序中，一般要采用水或稀硫酸吸收脱除煤气中含有的氨。但氨具有易燃易爆的性质，若发生泄漏可引起爆炸或中毒。此外，稀硫酸和硫酸铵都具有一定的腐蚀性，可损蚀设备、管道，使泄漏加剧。

在脱苯工序中，通常采用洗油吸收法脱除煤气中含有的苯，因苯是易燃液体，油渣铁质在空气中能发生自燃，若发生泄漏可导致火灾爆炸。

在脱硫工序中，采用湿法脱硫的火灾危险多是设备破裂或操作失误，导致煤气泄漏或吸入空气，有可能引起中毒；采用干法脱硫的火灾危险性是由于用过的脱硫剂中含有硫化铁、木屑和油类发生自燃，以及油类蒸气、煤气泄漏因违章动火和干箱憋压造成爆燃。

在脱萘工序中，通常是采用轻柴油脱萘的方法，因轻柴油是易燃液体，若填料塔和柴油储罐发生泄漏，遇火源就会导致爆炸事故。

（四）煤气计量过程

计量室的计量器发生故障，以及各种阀门、管件如果发生煤气泄漏，则有形成爆炸性混合气体的危险。

（五）煤气的输配过程

储气柜在长期运转过程中会因基础不均匀沉陷，承受腐蚀破损，本身构造上的缺陷等原因有产生煤气泄漏引发火灾的危险。其易发生泄漏的部位是杯环和挂环。

煤气管道受腐蚀或遭受雷击，致使煤气管道发生泄漏，若采用明火或高温强光灯具进行检修，就有可能发生火灾爆炸事故。

（六）副产品精炼过程

在蒸馏焦油时，因其生产原料和产品都具有挥发性，油品蒸气可与空气形成爆炸性混合物，而且蒸馏釜多采用明火加热，温度难以控制，火灾爆炸危险性极大。

在提取酚时，因其生产原料和产品多为易燃可燃液体，并具有毒性和较强的腐蚀性，在生产操作中，由于旋塞、阀门多，经常要间歇性加热保温，若发生泄漏或操作失误即可导致火灾事故。

（七）废水脱酚过程

煤气厂排出的废水中含有大量的酚、氰、硫等有害物质，必须加以处理。在使用溶剂脉冲萃取脱酚时，由于作为萃取剂的重苯是易燃易爆品，在使用、加工和储运过程中都有产生蒸气爆炸、液体燃烧的危险。

二、煤气作业过程防火措施

（一）煤气厂（站）的一般防火要求

煤气厂（站）各生产部位建筑耐火等级要求。

煤气厂（站）各生产部位应有良好的自然和机械通风条件。甲、乙类生产部位应设置必要的防爆泄压面积，爆炸危险场所的电气设备必须有防爆措施和防雷设施，以及接地装置。在除尘器、洗涤塔、煤气总管及空气总管上宜装设防爆板或防爆阀。在生产系统中还应设蒸汽清扫和水封装置，在煤气管道上应设煤气低压报警装置。生产及输配的所有设备和管道应经常检查，严防跑、冒、滴、漏。

煤气厂（站）严禁携带火柴、打火机、烟头等火种进入。不准穿有钉鞋和化纤衣服的人员，以及汽车、电瓶车或其他机动车辆进入甲类生产区。

在甲、乙类生产区内检修动火，应严格执行动火审批制度、制定动火检修技术方案。应完全排除设备和其他连接管道内的可燃气体或液体，排放口下风向10m内应禁止明火，然后关闭所有进出口阀门。动火前，应先使用测爆仪测定，确认安全后方准动火。动火设备的接地电阻，不得超过2Ω。对附近尚在运行的设备应用湿帆布分隔，对周围的油槽应采取局部遮盖措施。乙炔发生器、电焊机不得直接进入甲类生产区内，可采取加长橡皮管和电线等措施。动火时应有人监护，并备有充足的消防水源及灭火器材。动火后，要彻底检查现场并消除残留火种、火源，撤离乙炔发生器和电焊机。煤气设备检修完毕后，封闭底部入孔或倒门，然后依次抽除盲板，用惰性气体或煤气缓缓置换空气，直至排放样品中含氧量小于2%时，方可使用。

（二）原料准备过程

煤场应设在地势较高的地域，地面应进行除湿、压实处理，地下应妥善设置排水沟。不同牌号的原煤，应分隔存放，煤堆与厂房、生产装置的距离不得小于8m，附近也不可堆积可燃物，更不准吸烟。所有设备应经常检查，发现故障及时检修，凡需动火时，须经过审批做好监护。煤粉碎机房的各种电气设备应采用防爆型。

（三）制气生产过程

利用焦炉制气的生产场所应装设煤气浓度报警装置，并定为一级防爆区，严禁附近有火源或堆放可燃物。定期检查煤气管道保持正压，防止发生泄漏或吸入空气。控制排送机的功率，使集气管保持正压，焦炉出焦时，要正确操作水封。集气管的放散阀应严密无漏，遇到停电时，可以立即开启。

利用炭化炉制气的生产厂房四周应设消防车道，厂房与鼓风机房等建筑物安全距离应不小于30m。必须选用经检验确定符合炭化炉采用的煤种，仔细观察炉内情况，发现有悬挂现象，立即停炉处理。炉顶内应保持微正压，炉底排焦箱应保持正压。辅助储煤箱的泄爆门，应保持不堵不黏。煤气总管上的自动和手动放空阀应保持安全有效，突然停电或其他故障时能立即放空。总管上焦油氨水出口水封应保持不少于980Pa的压力。在炉顶操作的工人应穿戴石棉衣裤，炉端走道也应设置石棉防火屏。

利用水煤气炉制气时，水煤气中氧含量不得超过1%，否则必须停炉将气体放空，禁止输入储气柜，并查明原因及时处理。定期检查各阀门、管道、液压系统和自动连锁机构，要注意关闭严密，保证其灵敏可靠，防止发生泄漏事故。炉下部风管进口处的防爆门应符合防爆要求。在生产阶段，严禁打开集尘器放灰门，需放灰时，应尽量避免灰尘飞扬。如发现有火灾危险，应立即停炉，关闭通往中间储气柜的进气阀门，以防柜内煤气倒流。生产车间内还应设置可燃气体浓度检测报警器。

利用发生炉制气的生产场所，应设置可燃气体浓度检测报警器和良好的通风设施。炉顶探火孔的蒸汽喷射汽封，必须保持安全有效。定期检查炉顶加料阀门，防止煤气扩散入储焦仓。鼓风机和排送机应有连锁装置。鼓风机停止运行时，排送机也随之自动停车。在闷炉检修时，须防止炉内剩余煤气倒回灰盘下面，引起灰斗内爆炸，需动火时，可按前述防火措施的有关内容执行。闷炉后投入生产，必须先检查煤气中的氧含量，合乎标准规定后，方可并线送气。若在生产过程发生火灾，应停止鼓风机和排送机，关闭排送机进出口阀门，封闭水封，切断电源，停止加热。一般先不要开启发生炉的放空阀，以减少煤气的排放扩散，迅速实施扑救。

利用油制气生产时，焦油废水池和地沟应加盖板，如在附近动用明火，还应用湿麻袋遮盖住盖板的缝隙。控制洗气箱水封高度，防止在加热阶段油煤气倒流入空气蓄热器而造成爆炸；控制重油槽的加热温度不得超过50℃，防止油的挥发或外溢。空气蓄热器、催化反应器、洗气箱的防爆泄压装置应安全有效，防爆片必须符合防爆要求。这些设备需要检修时，应

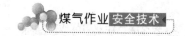

首先做好置换、清洗、隔离和测定，达到要求，才能进行。

（四）净化处理过程

焦炉和炭化炉一般采用间接式冷凝冷却器，并且在负压下操作。冷凝冷却器的底部液封必须良好。排送机房与其他相关工段应有通信联系设备，便于发生事故及时通报，采取相应措施，室内还应设置紧急备用电源。排送机的旁通阀或总旁通阀，应经常保持开闭灵活，排送机与有关生产工段的鼓风机还要有连锁装置。另外，所有的电气设备应为防爆型，通风条件良好，同时禁止使用明火。仪表操作间应单独设立。使用电捕焦油器脱焦油雾时，应保证煤气中含氧量不超过1%。对排出焦油的液封筒，必须防止空气倒吸入系统。此外，设备也应有良好的接地装置。

进行脱氨操作的场所应有防爆措施和良好通风条件，并严禁吸烟等行为，还应制定禁火措施和制度。硫酸泵房的电气线路应穿塑料管敷设，硫酸储槽必须密封。所有设备应有防腐处理措施。整个工序应由总旁通间控制，在紧急情况下能及时开通，不致影响全厂的正常运行。发生火灾时，对生产系统立即采取隔离、泄放等安全措施，防止火势蔓延扩大，但严禁向硫酸设备淋水，以免硫酸放热和飞溅。

进行脱苯作业的建筑应为防爆泄压结构，并设置防护隔离墙，与其他建筑物应保持一定的防火间距。生产车间内应配备灭火器材，必要时还可设置可燃气体监测报警器。苯储槽应设置装有阻火器的放散管。室内室外严禁吸烟，也不准在蒸汽、热油管上烘烤衣物。各种电气设备，均应采用防爆型，电话机应装设在空气流通的地方。应严格按照有关规定检修设备，设备的清理工作必须连续进行，清理出来的油渣铁质，及时处理，以防自燃。全过程还要有专人监护。对设备内部检修使用低压灯和手电筒时，应在设备外开闭。在检修期间驶入的机动车，其排气管应加装灭火罩。如需在塔、槽、罐、管线相连接的群体上使用电焊搭接地线时，应选电阻值小于2Ω的地方为接地点。在放散管出口处应设置蒸汽吹扫设施，因雷击发生点燃时，应继续保持生产，以免骤然冷却降压使火焰发生倒流。

使用湿法脱硫时，应经常检查维护生产系统的密闭性，液位调节器应有防止空气吸入脱硫塔的设施，熔硫釜排防硫膏时，周围严禁明火，加强化验室、硫磺仓库、空气压缩机和氨冷冻机装置的防火管理工作；使用干法脱硫时，干箱顶上的防爆安全塞应灵活有效，停用的干箱不可在当天内打开底部的排出孔，所排出的废脱硫剂则应在当天就妥善处理，需动火检修时，应经严格清洗和用测爆仪测定，停用干箱要去掉箱盖，在用干箱的氧含量则必须小于2%。

（五）煤气计量过程

计量室应为防爆泄压建筑，周围应有围墙隔离，且不得堆放可燃物，室内要有良好的通风条件，并设有可燃气体检测报警器、蒸汽吹扫设备或惰性气体稀释设备。各类旁通阀必须保持良好工作状态，启闭及时，便于操作。

（六）煤气的输配过程

城市煤气储气柜的容量应在10000m³以上，按有关要求建造在城市的边缘。距明火或散发火花的地点、民用建筑、易燃可燃液体储罐、易燃材料堆场、甲类物品库房的防火间距不应小于4m，与公共铁路线（中心线）的防火间距不应小于25m，与公路的防火间距不应小于15m，与架空电力线的防火间距不应小于电线杆高度的1.5倍。储气柜周围应用栏杆隔离。储气柜在投产前和检修前必须用煤气置换法和惰性气体置换法先进行置换处理，清除残留的煤气，并通过严格的测试。储气柜需要检修时，应有严密的组织、完善的方案，确保防火安全。需带气焊补时应采取必要的防火措施。

城市煤气管道与建筑物、构筑物及相邻管道的水平净距和垂直净距，以及埋设深度、通过沟渠地沟和避让其他交叉管线的安全措施，应符合国家标准CJJ 28—2004《城市供热管网工程施工及验收规范》。煤气干管的布置，其供气管网应呈环状。

煤气管道需要停气降压时，其放散管高度应超过2m，并远离居民点和火源。检修时严禁使用明火和高温强光灯具。管道破漏燃烧时，应采取隔离警戒，清除邻近的可燃物，并关闭两端的煤气阀门。

地下煤气管道不得在堆积易燃、易爆材料和具有腐蚀性液体的场地下面通过，并不宜与其他管道或电缆同沟敷设。套管和地沟应安全可靠。凡可能引起管道不均匀沉降的地段，地基应做相应处理。长距离埋地钢管，应通过严格试漏，并有防腐保护措施。此外，还要按一定距离安装隔断阀。

架空的煤气管道，可沿建筑物外墙或支柱敷设，应有导除静电和防雷措施。管道支架禁用燃烧体，周围也不准存放易燃易爆物料。穿越重要厂房设备和生活设施时，应有套管。地下室不宜敷设煤气管道。靠近高温热源时，应采取隔离措施。管道沿线的放水水封应保持最大工作压力1470Pa。应每月对煤气管道及阀门以涂肥皂水法试漏，发现问题及时处理。

采用塑料煤气管道时，应防止受其他管线施工的冲击，也要防高温和火源。地下管道温度最好保持在23℃左右。管端接口应严密，与金属管接口时尤其要注意。在塑料管的引入端应装设能切断气源的截止阀。

压送机房内应设置单独的仪表操作管理间，机房与操作间应密闭隔离，并严禁吸烟。电机应采用防爆型或通风型，电气线路不得穿越防火墙，机房上部的窗户应开、闭自如，在往复式压送机填料箱口，还应安装单独的吸气排风机。室内还应根据实际情况设置一氧化碳报警装置。

调压室一般设在地上单独建筑内，屋顶应有泄压设施，与一般建筑物、公共建筑物之间净距应有6~25m，必要时应用防火墙分隔。调压装置的旁通阀和出口处的安全水封、安全阀，必须灵敏有效。需要检修时，应打开全部门窗，不得使用经敲击能生成火花的工具，检修完毕应及时撤除易燃物。

(七)副产品精炼过程

蒸馏煤焦油的操作应有低温—高温的缓冲阶段，蒸馏釜顶上的安全阀应保持灵敏有效，安全管应与无水的油槽相同。蒸馏釜底的煤气燃烧器应有灭火点燃装置。冷凝器应有蒸汽保温装置。输送焦油、萘油和沥青的管道和阀门均应使用蒸汽夹套保温，严禁使用明火加热。过热蒸汽加热炉应设置在无油渣及可燃气体排出的地方，敞开式冷冻油槽，必须设置在石棉瓦屋顶的简易建筑内。需动火检修时，必须在置换、清洗、检验分析合格的前提下进行。

进行提酚的生产厂房应有良好的通风条件，设置高压蒸汽锅炉房时，应做好隔离，防火间距也不得小于10m。加热器、蒸发器等设备上的压力仪表、温度仪表以及玻璃窥镜等应定期检查，保持安全可靠，否则应及时更换。设备、管线应做好防腐管理，发现破损，及时处理。严格遵守安全操作规程，各种阀门、管线、设备、化学溶剂储槽均应有明显标志。酚精蒸馏塔高空动火时，四周应用帆布遮挡，其动火下方的酚罐、油槽等应严密封盖。针对酚类产品有毒、腐蚀性强和易燃等特性，发生火灾时要尽早切断电源，并注意防止化学性灼伤和中毒。

（八）废水脱酚过程

使用重苯作萃取剂脉冲萃取脱酚时，除重苯蒸馏釜放出的渣油必须灌装在密闭的桶里外，其他防火安全要求与前述净化处理过程防火措施"脱苯作业"相同。

三、煤气着火事故处理总的原则

煤气设施着火时，应逐渐降低煤气压力，通入大量蒸汽或氮气，但设施内煤气压力最低不得小于 100Pa（10.2mmH$_2$O）。不应突然关闭煤气闸阀或水封，以防回火爆炸。直径小于或等于 100mm 的煤气管道起火，可直接关闭煤气阀门灭火。

煤气隔断装置、压力表或蒸汽接头、氮气接头，应有专人控制操作。

第三节　煤　气　爆　炸

煤气爆炸是指煤气的瞬时燃烧，并产生高温高压的冲击波，从而造成强大的破坏力。

一、产生煤气爆炸的原因

（1）煤气来源中断，管道内压力降低，造成空气吸入，使空气与煤气混合物达到爆炸范围，遇火产生爆炸。

（2）煤气设备检修时，煤气未吹赶干净，又未进行分析检测，急于动火造成爆炸。

（3）堵在设备上的盲板，由于年久腐蚀造成泄漏，动火前又未做实验，造成爆炸。

(4)窑炉等设备正压点火。

(5)违章操作，先送煤气后点火。

(6)强制供风的窑炉如鼓风机，突然停电，造成煤气倒流，也会发生爆炸。

(7)焦炉煤气管道胶设备虽然已吹扫，并检验合格，但如果停留时间长，设备内的积存物受热挥发，特别是萘升华气体与空气混合达到爆炸范围，遇火同样会发生爆炸。

(8)烧嘴不严，煤气泄漏在炉内，点火前未对炉膛进行通风处理。

(9)在停送煤气时，未按规章办事，或停煤气时，未把煤气彻底切断，又没有检查就动火。

(10)烧嘴点不着火，再点前未对炉膛做通风处理。

(11)煤气设备(管道)引上煤气后，未进行爆炸试验，急于点火。

二、煤气爆炸事故的处理

(1)应立即切断煤气来源，并迅速把煤气处理干净。

(2)对出事地点严加警戒，绝对静止通行，以防更多人中毒。

(3)在爆炸地点40m范围内禁止火源，并防止着火事故。

(4)迅速查明爆炸原因，在未查明原因之前，禁止送煤气。

(5)组织人员抢修，尽快恢复生产。

(6)煤气爆炸后，产生着火事故按着火事故处理；产生煤气中毒事故，按煤气中毒事故处理。

三、煤气爆炸的预防

(1)送煤气前，对煤气设备及管道内的空气用蒸汽或氮气置换，然后用煤气赶走蒸汽中的氮气，并逐段做爆炸实验，直到合格后方可送给用户。

(2)正在生产的煤气设备和不生产的煤气设备必须可靠断开，切断是煤气来源时必须用盲板。

(3)对要点火的炉子需进行严格的检查，如烧嘴开闭器是否关严，是否漏气，烟道阀门是否全部开启，确保炉膛内形成负压方可点火。然后烧气待燃着后，再调整到适当的位置。如点着后又熄灭了，需再次点火时，应立即关闭烧嘴阀门，对炉膛仍需作负压处理，待煤气吹扫干净后再点火送气。

（4）在已可靠切断煤气来源的煤气设备及煤气管道上动火时，一定要经检查、分析合格方可动火。对长时间未使用的煤气设备动火，必须重新进行检测、鉴定合格后方可动火。

（5）在运行中的煤气设备或管道上动火，应保证煤气的正常压力，只准用电焊，不准用气焊。同时要有监护人员在场。

（6）凡停产的煤气设备，必须及时处理残余煤气，直到合格。

（7）煤气用户应装有煤气低压报警器和煤气低压自动切断装置，以防回火爆炸。

（8）检修后投产的设备，送煤气前，除严格按标准验收外，必须认真检查有无火源，有无静电入电的可能，然后才能按第一条的规定送气。

（9）停、送煤气时，下风侧一定要管理好明火。

为了防止煤气爆炸，各岗位操作人员必须严格执行本岗位安全操作规程，防护人员必须对煤气设备做周密的检查，一切检查和分析必须有记录、有数据。在安全的基础上确认无爆炸性混合气体时，才能让操作人员工作。

第四节　个体防护与急救

个人防护用品是指工作人员在职业活动中为防御各种职业有害因素伤害人体而穿戴和配备的各种物品的总称。个体防护用品按其防护部位的不同，可分为头部防护、眼面部防护、呼吸器官防护、听觉器官防护、躯干防护、手部防护、足部防护、防坠落和护肤用品等。

一、呼吸防护用品的选择、使用与管理

吸防护用品也称呼吸器，是防御缺氧空气和空气污染物进入呼吸道的防护用品。根据我国职业病目录，80%以上的职业病都是由呼吸危害导致的，长期暴露于有害的空气污染物环境，如粉尘、烟、雾，或有毒有害的气体或蒸气，会导致各种慢性职业病，如矽肺病、焊工尘肺、苯中毒、铅

中毒等，短时间暴露于高浓度的有毒、有害气体中，如 CO 或硫化氢，会导致急性中毒；暴露于缺氧环境中，会致死。呼吸防护用品是一类广泛使用的预防职业健康危害的个人防护用品。

(一)呼吸防护用品的基本分类

呼吸防护用品从设计上分过滤式和供气式两类如图 8-1 所示。

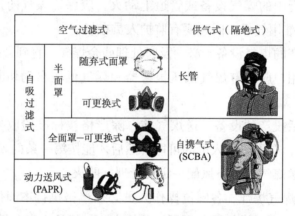

图 8-1　呼吸防护用品分类

过滤式呼吸器是依靠过滤元件将空气污染物过滤掉后用于呼吸的呼吸器。使用者呼吸的空气来自污染环境，最常见的是自吸过滤式防颗粒物或防毒面罩。自吸过滤式呼吸器靠使用者自主呼吸克服过滤元件阻力，吸气时面罩内压力低于环境压力，属于负压呼吸器，具有明显的呼吸阻力；动力送风过滤式呼吸器靠机械动力或电力克服阻力，将过滤后的空气送到头面罩内呼吸，送风量可以大于一定劳动强度下的人的呼吸量，吸气过程中面罩内压力可维持高于环境气压，属于正压式呼吸器。

供气式呼吸器也称隔绝式呼吸器，呼吸器将使用者的呼吸道与污染空气完全隔绝，呼吸空气来自污染环境之外，其中长管呼吸器依靠一根长长的空气导管，将污染环境以外的洁净空气输送给使用者呼吸。对于靠使用者自主吸气导入外界空气的设计，或送风量低于使用者呼吸量的设计，吸气时面罩内呈负压，属于自吸式或负压式长管呼吸器；对于靠气泵或高压空气源输送空气，在一定劳动强度下能保持头面罩内压力高于环境压力，就属于正压长管呼吸器。自携气式呼吸器简称 SCBA，呼吸空气来自使用者携带的空气瓶，高压空气经降压后输送到全面罩内呼吸，而且能维持呼吸面罩内的正压，消防员灭火或抢险救援作业通常使用 SCBA。

(二)呼吸防护用品的构造

自吸过滤式呼吸器是最常用的产品，包括随弃式防颗粒物口罩，可更换式防颗粒物或防毒半面罩和全面罩，下面分别介绍这三种呼吸器的基本构造和特点。

(1)随弃式防颗粒物口罩：防颗粒物口罩俗称防尘口罩，其基本构造如图8-2所示。其中，左图为没有呼气阀型，右图为带有呼气阀型。

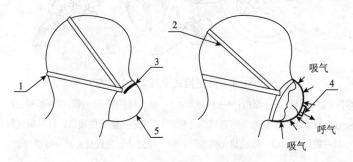

图8-2　随弃式防颗粒物口罩构造

1—下方头带；2—上方头带；3—鼻夹；4—呼气阀；5—过滤元件做成的面罩本体

(2)可更换式半面罩：可更换式半面罩是半面罩的一种，除面罩本体外，过滤元件、吸气阀、呼气阀、头带等部件都可以更换如图8-3所示。

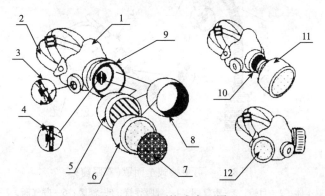

图8-3　可更换式半面罩

1—面罩本体；2—头带；3—呼气阀；4—吸气阀；5—防颗粒物过滤元件；6—防毒过滤元件；

7—防颗粒物预过滤层；8—过滤元件固定盖；9—过滤元件承接座；10—过滤元件接口；

11—单过滤元件设计；12—双过滤元件设计

（3）可更换式全面罩：全面罩覆盖使用者口、鼻和眼睛，分大眼窗设计（图8-4）和双眼窗设计两类（图8-5）。

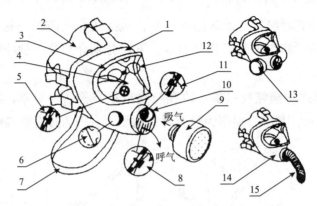

图8-4 可更换式全面罩（大眼窗）

1—面罩本体；2—头带；3—面镜；4—口鼻罩；5—吸气阀；6—通话器；7—颈带；8—呼气阀；

9—过滤元件（防颗粒物、防毒或综合防护）；10—过滤元件接口；11—吸气阀；

12—眼镜架；13—双过滤元件设计；14—单过滤元件设计；15—呼吸导管

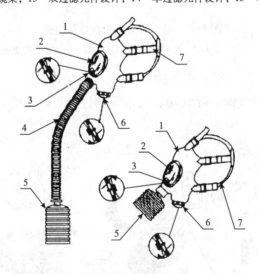

图8-5 可更换式全面罩（双眼窗）

1—面罩本体；2—目镜；3—吸气阀；4—呼吸导管；5—滤罐；6—呼气阀；7—头带

（三）呼吸防护用品的使用

在使用呼吸器之前，使用者要仔细阅读、理解产品使用说明书，并接受培训，了解呼吸危害对健康的影响，掌握呼吸器的使用与维护方法，熟悉产品结构、功能和限制，练习面罩佩戴、调节和做佩戴气密性检查的方法，并懂得部件更换、清洗和储存等要求。

1. 随弃式防护口罩佩戴方法

（1）佩戴口罩，并调整头带位置。

（2）按照自己鼻梁的形状塑造鼻夹，务必用双手操作。

（3）做佩戴气密性检查，正压方法是用双手盖住口罩快速吹气，如果感觉面罩能微微隆起，说明没有漏气；负压方法是用双手盖住口罩快速吸气，看口罩是否能有塌陷感。若感觉口罩漏气，应重新调整口罩的佩戴位置、调节鼻夹。

（4）口罩佩戴好才能进入工作区。不得佩戴泄漏的口罩进入污染工作区。

2. 可更换式半面罩佩戴方法

（1）戴上面罩后应调节头带松紧度。

（2）调节颈部头带的松紧，注意不要过紧，造成不适。

（3）调整好面罩位置后，做佩戴气密检查，负压式佩戴气密性检查是用手掌盖住滤盒或滤棉的进气部分，然后缓缓吸气，如果感觉面罩稍稍向里塌陷，说明密合良好。

（4）或者做正压佩戴气密性检查，用手盖住呼气阀出口，缓缓呼气，如果感觉面罩稍微鼓起，但没有气体外泄，说明密合良好。应注意，有些面罩的设计只允许做一种佩戴气密性检查。

在作业场所张贴一些产品佩戴方法的挂图，可以起到提醒的作用和复习的效果。

3. 呼吸防护用品的维护和使用管理

（1）日常检查：检查过滤元件有效期：国家标准规定，防毒过滤元件必须提供失效期信息，购买防毒面具要查验过滤元件是否在有效期内。防毒过滤元件一旦从原包装中取出存放，其使用寿命将受到影响。

检查面罩：对呼吸器面罩通常没有标注失效期的要求，其使用寿命取决于使用、维护和储存条件。每次使用后在清洗保养时，应注意检查面罩本体及部件是否变形，如果呼气阀、吸气阀、过滤元件接口垫片等变形或丢失，应用备件更换；若头带失去弹性，或无法调节，也应更换；如果面罩的密封圈部分变形、破损，需整体更换。

(2)清洗：禁止清洗呼吸器过滤元件，包括随弃式防尘口罩、可更换防颗粒物和防毒的过滤元件。可更换式面罩应在每次使用后清洗，按照使用说明书的要求，使用适合的清洗方法。不要用有机溶剂(如丙酮、油漆稀料等)清洗沾有油漆的面罩和镜片，这些都会使面罩老化。

(3)储存：使用后，应在无污染、干燥、常温、无阳光直射的环境存放呼吸器，不经常使用时，应在密封袋内储存。防毒过滤元件不应敞口储存。储存时应避免橡胶面罩受压变形，最好在原包装内保存。

(4)呼吸保护计划：呼吸保护计划是在使用呼吸器的用人单位内部建立的管理制度，它规范呼吸防护的各个环节，从危害辨识到呼吸器选择，从使用者培训到呼吸器使用、维护以及监督管理等，GB/T 18664—2002 在第 7 章对建立呼吸保护计划进行了详细的说明，并对呼吸保护培训内容提出要求。

(四)作业现场呼吸防护常见错误

(1)使用纱布口罩：接尘作业呼吸防护最常见的错误就是用纱布口罩防尘。纱布口罩不具有有效的防尘功效，不能作为防尘口罩使用。

(2)使用自行装填的活性炭滤毒盒：使用可以自行装填活性炭的滤毒盒也是常见的错误。购买活性炭，用于更换失效的滤毒盒中的活性炭，这种做法是不安全的。滤毒盒由于装填密度不够，有毒有害气体很可能直接穿透，防护容量不够，防护效果没有保证，这样做和自行加工生产滤毒盒是没有区别的。

(3)使用活性炭口罩防毒：在接触有机蒸气作业中使用活性炭纸口罩，首先须判断有机蒸气或其他有味道的气体是否超标，应根据使用的溶剂或化学物的成分识别污染物，通过采样确定浓度。如果浓度超过职业卫生标准，就必须使用防毒面具。在判断未超标的基础上，可选择具有"减除异味"功能的口罩。减除异味的口罩必须有密合的结构，否则气味会直接进入口罩，

(4)喷漆作业只使用滤毒盒：喷漆作业中产生的漆雾属于颗粒物，漆雾有挥发性，产生有机蒸气，这种情况必须采取综合过滤的方法。单独使

用防毒过滤元件用于喷漆是错误的，因为颗粒物很容易穿透滤毒盒，使用者会提早闻到溶剂的味道，误以为滤毒盒失效，使用时间会大打折扣，造成浪费。

(5)在面具下垫纱布：有的员工喜欢垫纱布是为了吸汗，也有感觉面罩泄漏，希望垫纱布提高密合性。在密合型面罩下面垫任何物品，包括纱布、衣服、毛发等，都将增加面罩的泄漏，用适合性检验可帮助使用者选择适合自己脸型的面罩。

二、自救与互救

在发生安全事故时，会自救的往往能绝处逢生，而不会自救的往往要付出生命的代价。因此，掌握安全事故中的自救互救的方法是非常必要的。

(一)泄漏事故自救与互救

如果发生危险化学品泄漏事故，可能对事故区域内人群安全构成威胁时。首先要看清风向标，向上风方向疏散，切忌慌乱。当发生有毒气体泄漏时，应避开泄漏源向上风向疏散、撤离；若有毒气体密度大于空气时，不要滞留在低洼处或避开低洼处；若有毒气体密度小于空气时，尽量采取低姿势爬行，头部愈贴近地面愈佳，但仍应注意爬行的速度。

(二)火灾爆炸事故自救与互救

当发生火灾、爆炸时，应注意顺着安全出口方向逃生；以毛巾或手帕掩口，毛巾或手帕沾湿以后，掩住口鼻，可避免浓烟的侵袭。

浓烟中采取低姿势爬行：火场中产生的浓烟将弥漫整个空间，由于热空气上升的作用大量的浓烟将漂浮在上层，因此在火场中离地面30cm以下的地方应还有空气存在，愈靠近地面空气愈新鲜，因此在烟中避难时尽量采取浓烟中带透明塑料袋逃生。透明塑料胶袋不分大小均可利用，使用大型的塑料胶袋可将整个头罩住，并提供足量的空气供给逃生之用，如无大型塑料胶袋，小的塑料胶袋亦可，虽不能完全罩住头部，但亦可掩护口鼻部分，供给逃生所需空气。使用塑料胶袋时，一定要充分将其张开，两手抓住袋口两边，将塑料袋上下或左右抖动，让里面能充满新鲜的空气，然后迅速将其罩在头部到颈项的地方，同时要注意，在抖动塑料胶袋装空气时，不得用口将气吹进袋内，因为吹进去的气体是二氧化碳，效果会适得其反。

沿墙面逃生：在火场中，人常常会表现得惊慌失措，尤其在烟中逃生，伸手不见五指，逃生时往往会迷失方向或错失了逃生门，因此在逃生时，如能沿着墙面即不会发生走过头的现象。

(三)中毒急救

对有害气体吸入性中毒者：应立即离开现场，吸入新鲜空气，解开衣物，静卧，注意保暖。

对皮肤黏膜沾染接触性中毒者：马上离开毒源，脱去污染衣物，用清水冲洗体表、毛发、甲缝等。如果是腐蚀性毒物应冲洗半小时左右。

对食物中毒者：用催吐、洗胃、导泻等方法排除毒物。

催吐：用筷子、勺把或手指刺激咽喉部引起呕吐。但对腐蚀性毒物中毒时则不宜催吐，因为容易引起消化道出血或穿孔。处于昏迷休克或患有心脏病、肝硬化等也不宜催吐。

洗胃：神志清醒者，用大量清水分次喝下后，用催吐法吐出，初次进水量不超过500mL，反复进行，直至洗出无色无味为止。对腐蚀性毒物中毒时不要洗胃，昏迷病人洗胃时要慎重。

导泻：是肠内毒物排出的方法之一，用硫酸钠导泻或灌肠，此方法一般要在医院进行。

保护胃黏膜：误服腐蚀性毒物，如强酸、强碱后，应及时服稠米汤、鸡蛋清、豆浆、牛奶、面糊(拌汤)或蓖麻油等保护剂，保护胃黏膜。

三、心肺复苏术

心肺复苏术一般可按下列步骤进行：开放气道、口对口人工呼吸、人工循环。

开放气道：拍摇患者并大声询问，手指甲掐压人中穴约5s，如无反应表示意识丧失。这时应使患者水平仰卧，解开颈部钮扣，注意清除口腔异物，使患者仰头抬颏，用耳贴近口鼻，如未感到有气流或胸部无起伏，则表示已无呼吸(图8-6)。

口对口人工呼吸：在保持患者仰头抬颏前提下，抢救者将患者鼻孔闭紧，用双唇密封包住患者的嘴，做两次全力吹气，同时用眼睛余光观察患者胸部，操作正确应能看到胸部有起伏并感到有气流逸出。每次吹气间隔1.5s，在这个时间抢救者应自己深呼吸1次，以便继续口对口呼吸，直至专业抢救人员的到来(图8-7)。

下颚部

图8-6　开放气道　　　　　图8-7　口对口人工呼吸

人工循环：检查心脏是否跳动，最简易、最可靠的是颈动脉。抢救者用2~3个手指放在患者气管与颈部肌肉间轻轻按压，时间不少于10s。

如患者停止心跳，抢救者应握紧拳头，拳眼向上，快速有力猛击患者胸骨正中下段1次。此举有可能使患者心脏复跳，如1次不成功可按上述要求再次扣击1次。

如心脏不能复跳，就要通过胸外按压，使心脏和大血管血液产生流动。以维持心、脑等主要器官最低血液需要量。

四、胸外按压

(1)患者头、胸处于同水平，最好躺在坚硬平面上。

(2)按压位置：胸骨中下三分之一交界处。

(3)下压3.5~4.5cm，按压时手指不得压在胸壁上，以免引起肋骨骨折。上抬时手不离胸，以免移位，垂直按压，以免压力分散(图8-8)。

(4)按压与放松时间相等，用力均匀，每分钟按压80~100次，直至恢复心跳呼吸。

(5)人工呼吸与胸外按压应同时交替进行。按压与呼吸比例：单人

15：2双人5：1(图8-9)。

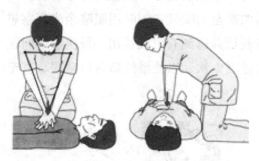
图8-8　胸外按压

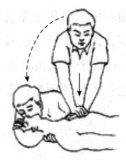
图8-9　人工呼吸与胸外按压交替进行

（6）人工循环时间因病人年龄、身体状况而定，但对触电、溺水、煤气中毒病人，按压时间要稍长些。

五、急性中毒的现场抢救

急性中毒者常丧失表述能力，病情发展快，生命垂危，令人措手不及。面对中毒者，应保持冷静，尽快作出准确诊断和选择正确抢救方法。

（一）停止毒物继续进入人体

（1）立即将中毒者移离污染环境。

（2）立即脱去被毒物污染的衣服或移走有毒物品。

（3）立即用大量清水冲洗被污染的皮肤。冲洗应彻底，水温微热最好，但不要用热水、以免增加吸收。

（4）如已确知是某种毒物时，可针对性地使用中毒解毒剂进行清洗。如为酸性毒物可用碱性液或中性液清洗，但其后仍须用大量清水彻底冲洗干净。

（二）催吐

（1）催吐的条件：毒物经口摄入；摄入时间较短，一般不超过4～6h；中毒者神志清醒。

（2）催吐方法：①用硬羽毛、筷子、手指等搅触咽弓和咽后壁使其呕吐如图8-10所示；②如食物过稠，不易吐出或吐净，可先喝约0.5～1.0kg清水或盐水等，再促其呕吐；③反复饮水和催吐，直至吐出流体变清为止；④也可将食盐 8g 配 200mL 温水口服，或以 1∶2000 高锰酸钾 100～300mL 水溶液口服，均可刺激胃黏膜，引起呕吐。

图 8-10　用手指触咽部催吐

（3）注意事项：①一次喝入液体不宜太多，以免将毒物驱入肠道；②如中毒者饮水后不呕吐，要加强咽部刺激促其呕吐；③呕吐时头部位低，危重病人可将头转向一侧，以免呕吐物吸入气管引起窒息；④如口服硫酸、盐酸、强碱等腐蚀性毒物，则严禁采用催吐方法。

（三）送医

急性中毒者一般病情较重，应迅速开展现场抢救工作，并立即送医院作进一步急救治疗。尤其对重度中毒者应边抢救边送医院。

（四）有条件可开展下列急救

（1）口服毒物者如催吐失败或不能催吐者可进行洗胃。

（2）对有呼吸困难者现场吸氧。

（3）静脉输液、补充液体，改善血液循环。

（4）根据病情给予药物治疗，如疼痛者服用止痛片，烦躁者注射镇静剂等。

（5）使用特效解毒剂，如有机磷中毒时使用阿托品、解磷定等。

六、外伤自救与互救

（一）止血和包扎

成人的血量大约为 5000～6000mL。如果失去血量的 1/4～1/3，就有生命危险。因此，当外伤大出血时，必须迅速采取止血措施。止血越及时，死亡的可能性越小。

（1）伤口的初步处理：伤口的初步处理非常重要，一方面可了解伤情，另一方面也是为了止血，并防止伤口感染。伤口初步处理如下：①暴露伤口：主要看出血部位和创伤位置；②制止流血：发现伤口，尤其是大出血，要立即止血；③检查伤口：在伤口暴露并止血后，再看有无断骨露出，伤口有无污泥或弹片等异物；④伤口消毒处理：普通伤口，可用无菌棉球蘸 2% ~ 2.5% 碘酒消毒后，再用 70% 酒精将碘酒擦掉，最后用无菌纱布包扎。

(2) 止血方法：动脉出血时，在出血的动脉血管靠心脏方向压住动脉血管；静脉出血，在出血的静脉血管离心脏方向加压；毛细血管出血，在出血处加压包扎。①加压包扎止血法：用消毒纱布敷料，或用干净毛巾、手帕、布片等棉织品折成比伤口稍大些的垫，覆盖住伤口，再后用三角巾或绷带用力包扎，松紧度以能达到止血为目的。包扎止血的同时，抬高伤肢，以避免静脉回流受阻而增加出血量。此法适用于四肢、头颈、躯干等体表出血。②指压止血法：较大的动脉止血，用手指或手掌压住动脉靠心脏方向的一侧经过骨骼表面的部分，阻止血液流动，可达临时止血目的。此法简便有效，但不能持久。按出血部位分别采用指压面动脉、颈总动脉、锁骨下动脉、颞动脉、股动脉、胫前后动脉止血法。③加垫止血法：肢体出血时，先抬高肢体，使静脉血充分回流，也可用纱布、棉花或其他布类做成垫子放在关节屈面，然后使关节强屈，压住关节屈侧动脉，再缠绕固定。头皮出血，用棉花、绷带或三角巾做成环形垫，套在伤口上面，然后用绷带或三角巾包扎，再用一条三角巾折成条状，由头顶拉向下颌包扎。此法一般只适用于四肢大动脉出血，或采用加压包扎不能有效控制的大出血。④止血带止血法：使用止血带止血时，在止血带与皮肤间垫上消毒纱布棉垫，以免扎紧止血带时损伤局部皮肤。止血带必须扎紧，要加压扎紧到切实将该处动脉压闭。同时记录上止血带的具体时间，争取在上止血带后 2h 内尽快将伤员转送到医院救治。若途中时间过长，则应约 1h 左右暂时松开止血带数分钟，同时观察伤口出血情况。若伤口出血已停止，可暂勿再扎止血带；若伤口仍继续出血，则再重新扎紧止血带加压止血，但要注意过长时间使用止血带，肢体会因严重缺血而坏死。四肢较大的动脉出血，一般采用勒紧、绞紧、止血带止血法等，其中止血带止血一般只适用于四肢喷射状、有搏动、出血快而多的动脉出血。

(3) 包扎：包扎的目的是保护伤口免受再污染，止血止痛，并为伤口愈合创造条件，一般在创伤处用消毒的敷料或清洁的专用纱布覆盖，再用绷带或布条包扎。其要领是：动作轻巧，伤口全包，打结避伤口，包扎要牢靠。包扎材料有三角巾、绷带和敷料等，这些材料经过消毒灭菌后要密封。如现场缺乏绷带，可衣服、被单、手帕等临时代用，但盖在伤口上的材料，要尽可能干净。三角巾由正方形布对角剪开即成，大小依需要而定。

(二)骨折的临时固定

(1)骨折急救要点：①止血：如果伤口出血，应先止血，然后包扎，再固定；②加垫：在突出部位先用棉花或布片等软物品垫好，以免夹板把突出部位皮肤磨伤；③不乱动骨折部位，以免刺伤血管和神经；④固定骨折两端：夹板需扶托整个伤肢，把骨折断端的上下两个关节固定好，才能把骨折部位固定好；⑤固定绷带松紧要适度，不可过松、过紧，要露出手指或脚趾，以便观察血流的情况，如发现手指(或脚趾)苍白或呈青紫色，说明包扎过紧，应当放松重新固定，防止坏死。

(2)临时固定方法：①前臂骨折(夹板固定法)：用2块长短合适的夹板(木棒或竹片)分别放在前臂掌侧和背侧，用绷带、毛巾、或手帕绑扎固定，再用三角巾或裤带将前臂悬吊胸前；②上臂骨折(无夹板固定法)：用1条宽带将上臂固定于胸前，再用三角巾将前臂吊起来；③小腿骨折(夹板固定法)：将夹板(长度等于自大腿中部到脚跟)放在小腿外侧，垫好布垫后用布带分段固定，脚部用"8"字形绷带固定；④大腿骨折(夹板固定式)：用1块长度相当于从脚跟至腋下的夹板放在伤肢外侧，在伤脚和骨突起处夹垫好后用5~7条布带分段固定，固定好后，健肢移向伤肢并列。肢部也用"8"字型绷带固定；⑤脊椎骨受伤：宜用平板固定，防止损伤神经造成残废。

七、搬运伤员步骤

搬运方法有徒手搬运和器械搬运两种。

(一)徒手搬运

(1)单人搬运：由1人进行搬运，常见的有扶持法、抱持法、背法。

(2)双人搬运法：常见的有椅托式、轿杠式、拉车式、椅式搬运法、

平卧托运法。

（二）器械搬运法

将伤员放置在担架上搬运，同时要注意保暖。在没有担架的情况下，也可以采用椅子、门板、毯子、衣服、大衣、绳子、竹竿、梯子等制作简易担架搬运。如果从现场到转运终点路途较远，则应组织、调动、寻找合适的现代化交通工具，运送伤病员。

（三）危重伤病员的搬运方法

脊柱损伤：硬担架，3～4人同时搬运，固定颈部不能前屈、后伸、扭曲。

颅脑损伤：半卧位或侧卧位。

胸部伤：半卧位或坐位。

腹部伤：仰卧位、屈曲下肢，宜用担架或木板。

呼吸困难病人：坐位。最好用折叠担架（或椅）搬运。

昏迷病人：平卧，头转向一侧或侧卧位。

休克病人：平卧位，不用枕头，脚抬高。

第五节　煤气事故应急处置案例分析

案例名称：急性一氧化碳中毒事件应急处置技术方案

一氧化碳（CO）是一种窒息性气体。急性一氧化碳中毒是指较短时间（数分钟至数小时）内吸入较大量一氧化碳后，引起的以中枢神经系统损害为主的全身性疾病。

一、概述

一氧化碳为无色、无嗅、无刺激性的气体，比空气稍轻。成人急性吸入中毒剂量约为 $600mg/(m^3 \cdot 10min)$，或 $240mg/(m^3 \cdot 3h)$；吸入最低致死剂量约为 $5726mg/(m^3 \cdot 5min)$。

一氧化碳通过呼吸道吸收进入人体。接触一氧化碳的常见机会有：炼钢、炼焦等冶金生产；煤气生产；煤矿瓦斯爆炸；氨、丙酮、光气、甲醇等的化学合成；使用煤炉、土炕、火墙、炭火盆等；煤气灶或煤气管道泄漏；使用燃气热水器；汽车尾气；使用其他燃煤、燃气、燃油动力装备等。

二、中毒事件的调查和现场处理

现场救援时首先要确保工作人员安全，同时要采取必要措施避免或减少公众健康受到进一步伤害。现场救援和调查工作要求必须 2 人以上协同进行。

（一）现场处置人员的个体防护

进入一氧化碳浓度较高的环境内（例如煤气泄漏未得到控制的事故现场核心区域，或者现场快速检测一氧化碳浓度高于 $1500mg/m^3$），须采用自给式空气呼吸器（SCBA），并佩戴一氧化碳报警器，防护服无特殊要求；进入煤气泄漏事故现场周边区域，未开放通风的生活取暖、汽车尾气等中毒事件现场，须使用可防护一氧化碳和至少 P2 级别的颗粒物的全面罩呼吸防护器（参见 GB 2890—2009《过滤式防毒面具通用技术条件》），并佩戴一氧化碳气体报警器；进入已经开放通风的生活取暖、汽车废气等现场时，对个体防护装备无特殊要求。现场处置人员在进行井下和坑道救援和调查时，必须系好安全带（绳），并携带通讯工具。

现场救援和调查工作对防护服穿戴无特殊要求。

医疗救护人员在现场医疗区救治中毒病人时，无需穿戴防护装备。

（二）中毒事件的调查

调查人员到达中毒现场后，应先了解中毒事件的概况。

现场调查内容包括现场环境状况，气象条件，生产工艺流程，通风措施，煤炉、煤气灶、燃气热水器及其他（燃煤、燃气、燃油）动力装备以及煤气管道等相关情况，并尽早进行现场空气一氧化碳浓度测定。就事件现场控制措施（如通风、切断火源和气源等）、救援人员的个体防护、现场隔离带设置、人员疏散等向现场指挥人员提出建议。

调查中毒病人及中毒事件相关人员，了解事件发生的经过及中毒人数，中毒病人接触毒物的时间、地点、方式，中毒病人姓名、性别、中毒主要症状、体征、实验室检查及抢救经过等情况。同时向临床救治单位进一步了解相关资料(如事件发生过程、抢救过程、临床救治资料和实验室检查结果等)。

对现场调查的资料应作好记录,可进行现场拍照、录音等。取证材料要有被调查人的签字。

(三)现场空气一氧化碳浓度的检测

一氧化碳的现场空气样品检测设备均带有采气装置,争取采集中毒环境未开放前的空气样品,必要时可模拟事件过程,采集相应的空气样品。检测方法可使用 CO 检气管定性或半定量测定,或使用不分光红外 CO 分析仪定量测定(参照 GB 3095—2012《环境空气质量标准》,GB/T 18204.23—2000《公共场所空气中一氧化碳测定方法》,GBZ/T 160.28—2004《工作场所空气有毒物质测定无机含碳化合物》)。

(四)中毒事件的确认和鉴别

1. 中毒事件的确认标准

同时具有以下 3 点,可确认为急性一氧化碳中毒事件:

(1)中毒病人有一氧化碳接触机会;

(2)中毒病人短时间内出现以中枢神经系统损害为主的临床表现;

(3)中毒现场空气采样一氧化碳浓度增高,和/或中毒病人血中碳氧血红蛋白(HbCO)浓度大于 10%。

2. 中毒事件的鉴别

与急性硫化氢、二氧化碳、氮气、甲烷和氰化氢中毒事件相鉴别,同时要注意是否存在混合窒息性气体中毒事件。

(五)现场医疗救援

现场医疗救援首要措施是迅速将病人移离中毒现场至空气新鲜处,松开衣领,保持呼吸道通畅,并注意保暖。有条件应尽早给予吸氧。当出现大批中毒病人时,应首先进行检伤分类,优先处理红标病人。

1. 现场检伤分类

(1)红标:具有下列指标之一者:昏迷;呼吸节律改变(叹气样呼吸、潮式呼吸);休克;持续抽搐。

（2）黄标：具有下列指标之一者：意识朦胧、混浊状态；抽搐。

（3）绿标：具有下列指标者：头昏、头痛、恶心、心悸、呕吐、乏力等表现。

（4）黑标：同时具有下列指标者：意识丧失，无自主呼吸，大动脉搏动消失，瞳孔散大。

2. 现场医疗救援

对于红标病人要保持复苏体位，立即建立静脉通道；黄标病人应密切观察病情变化。出现反复抽搐、休克等情况时，及时采取对症支持措施。绿标病人脱离环境后，暂不予特殊处理，观察病情变化。

3. 病人转运

中毒病人经现场急救处理后，尽可能转送至有高压氧治疗条件的医院进行治疗。

三、中毒血液样品的采集和检验

（一）采集样品的选择

最好采集病人中毒8h内的血液；死亡病人可采集心腔内血液，可不受时间限制。

（二）样品的采集方法

1. 碳氧血红蛋白定性测定法

采集1mL静脉血放入肝素抗凝试管中密封保存。

2. 碳氧血红蛋白的分光光度法

用采血吸管取末梢血直接注入小玻璃瓶中（小玻璃瓶事先加入5g/L肝素溶液），立即加帽，旋转混匀，密封保存。对死亡病人，用注射器抽取心腔血液5mL直接注入肝素抗凝的试管中，立即混匀，密封保存。

注意：采集容器大小以放入血液样品后只保留少量空间为宜，以防止留置过多空气干扰检测结果。

（三）样品的保存和运输

血液样品置于冷藏环境中保存和运输，样品采集后应尽快检测，最好在24h内完成。

（四）推荐的实验室方法

（1）碳氧血红蛋白的定性测定。

（2）碳氧血红蛋白的定量测定。

血中碳氧血红蛋白的分光光度测定方法（参见 GBZ 23—2002《职业性急性一氧化碳中毒诊断标准》）。

四、医院内救治

（一）病人交接

中毒病人送到医院后，由接收医院的接诊医护人员与转送人员对中毒病人的相关信息进行交接，并签字确认。

（二）诊断和诊断分级

救治医生对中毒病人或陪护人员进行病史询问，对中毒病人进行体格检查和实验室检查，确认中毒病人的诊断，并进行诊断分级。

（1）观察对象出现头痛、头昏、心悸、恶心等症状，吸入新鲜空气后症状可消失。

（2）轻度中毒：具有以下任何一项表现者：出现剧烈的头痛、头昏、四肢无力、恶心、呕吐；轻度至中度意识障碍，但无昏迷者。血液碳氧血红蛋白浓度可高于10%。

（3）中度中毒：除有上述症状外，意识障碍表现为浅至中度昏迷，经抢救后恢复且无明显并发症者。血液碳氧血红蛋白浓度可高于30%。

（4）重度中毒：具备以下任何一项者：意识障碍程度达深度昏迷或去大脑皮层状态；病人有意识障碍且并发有下列任何一项表现者，血液碳氧血红蛋白浓度可高于50%；脑水肿；休克或严重的心肌损害；肺水肿；呼吸衰竭；上消化道出血；脑局灶损害如锥体系或锥体外系损害体征。

（三）治疗

接收医院对所接收的中毒病人确认诊断和进行诊断分级后，根据病情的严重程度将病人送往不同科室进行进一步救治。观察对象可予以留院观察，轻、中度中毒病人住院治疗，重度中毒病人立即给予监护抢救治疗。

1. 改善脑组织供氧

（1）氧疗：可采用鼻导管或面罩给氧。条件允许时，中、重度急性一氧化碳中毒病人及时进行高压氧治疗。

（2）亚低温疗法：对中、重度中毒病人可采用冰帽、冰毯等物理降温措施，并可根据病情，结合采用人工冬眠疗法。

2. 脑水肿治疗

（1）脱水剂：可给予甘露醇快速静脉滴注，如果出现肾功能不全，可静脉滴注甘油果糖，与甘露醇交替使用。

（2）利尿剂：一般给予呋塞米（速尿），根据病情确定使用剂量和疗程。

（3）肾上腺糖皮质激素：宜早期、适量、短程应用。

3. 其他对症支持治疗

加强营养支持，改善脑细胞代谢，维持水、电解质与酸碱平衡，防治继发感染，出现肺水肿、休克、反复抽搐、呼吸衰竭者，及时给予相应的对症支持治疗措施。

迟发性脑病尚无特效治疗方法，一般采用高压氧疗法及应用改善脑微循环和促进神经细胞恢复的药物。鼓励病人进行适当的活动，并进行康复锻炼。

（四）应急反应的终止

中毒事件的危险源及其相关危险因素已被消除或有效控制，未出现新的中毒病人且原有病人病情稳定 24h 以上。

第九章 煤气作业综合安全措施

煤在焦炉内进行干馏时，所产生的焦炉煤气是重要的高热值气体燃料，可供城市煤气使用，也可供钢铁厂自用。但是，从焦炉产生的粗煤气含有许多杂质，需要进行净化，将杂质除去。焦炉粗煤气中需要除去的杂质有：苯类 $30 \sim 40g/m^3$，$HCN1 \sim 2g/m^3$，$NH_3 6 \sim 8g/m^3$，$H_2S \ 4 \sim 7g/m^3$，萘 $1 \sim 2g/m^3$，焦油雾 $1 \sim 2g/m^3$，将这些杂质除去后，可以得到不凝性气体为主要成分的净化焦炉煤气。在焦炉煤气净化加工过程中其显著特点是易燃、易爆、易中毒，三废比较严重，为了保护职工的安全与健康，努力做好安全与环保工作十分重要。

第一节　煤气净化防火防爆安全技术

由于种种原因，煤气净化的初冷器、鼓风机、电捕焦油器、饱和器、硫酸槽、氨水槽、黄血盐吸收塔、吡啶中和器、粗苯槽、蒸馏釜、煤气管道、下水道等都容易发生火灾、爆炸事故，会给正常生产和国家、人、财、物带来很大损失。所以在该区域工作的职工应学习、了解、掌握防火防爆的基础知识，特别是动火中的安全技术，防止火灾爆炸事故的发生。

一、燃烧的概念以及发生燃烧的条件

燃烧是一种放热、发光激烈的氧化还原反应。发生燃烧必须具备下列三个条件：有可燃物质存在，如煤气、焦油、粗苯等；有助燃物质存在，如空气、氧及强氧化剂等；有能导致燃烧的能源即着火源存在，如明火、焊接火花、撞击、炽热物体、化学反应热等。

可燃物、助燃物和着火源是构成燃烧的三个要素，缺少其中任何一个，燃烧便不会发生，要发生燃烧，不仅必须同时具备这三个基本要素，而且每一个要素要有一定的量相互作用，燃烧才能发生。对于已经进行的燃烧，消除其中任何一个或两个要素，燃烧便会中止，这就是灭火的基本原理。

二、爆炸的概念以及发生爆炸的条件

爆炸是指物质由一种状态迅速地转变为另一种状态，并在瞬间以机械功的形式放出巨大能量，同时产生巨大声响的现象。

爆炸可分为物理性爆炸和化学性爆炸。物理性爆炸是由物理变化引起的，物质因状态或压力发生突变而形成的爆炸。例如，容器内液体过热气化引起的爆炸，锅炉爆炸，压缩气体，液化气体超压引起的爆炸等。化学性爆炸是由物质迅速发生化学反应，产生高温、高压而引起的爆炸。

绝大多数的化学性爆炸是瞬间的爆炸，故燃烧的三个要素也是发生化学性爆炸的必要条件。除此之外，可燃物质与助燃物质必须预先均匀混合，再以一定的浓度比例范围组成爆炸性混和物，遇着火源才会发生爆炸，这个浓度范围称为爆炸极限。爆炸性混合物能发生爆炸的最低浓度叫爆炸下限，最高浓度称为爆炸上限。混合物浓度低于爆炸下限或高于爆炸上限，遇着火源都不会发生爆炸。可燃气体和蒸汽的爆炸极限单位，是以在混合物中所占体积的百分比来表示的，可燃粉尘爆炸极限的单位以在混合物中所占体积的质量比(即质量浓度，g/m^3)来表示。

三、煤气净化装置有关主要物质防火防爆的安全参数

煤气净化装置有关主要物质防火防爆安全参数见表9-1。

表9-1　煤气净化装置有关主要物质防火防爆安全参数

序号	名　称	爆炸危险度	最大爆炸压力/(0.1MPa)	爆炸极限/%		蒸汽相对密度(空气为1)	闪点/℃	自燃点/℃
				上限	下限			
1	CO	4.9	7.3	12.5	74.0	0.97	气态	605
2	H_2S	9.6	5.0	4.3	45.5	1.19	气态	270
3	吡啶	5.2	—	6.7	10.6	2.73	17	550
4	苯	7	9.0	1.2	8.0	2.70	-11	555

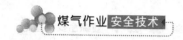

续表

序号	名 称	爆炸危险度	最大爆炸压力/(0.1MPa)	爆炸极限/%		蒸汽相对密度（空气为1）	闪点/℃	自燃点/℃
				上限	下限			
5	氨	0.9	6.0	15.0	280	0.59	气态	630
6	煤焦油					1.12		100
7	洗油					1.05		100
8	氢	17.9	7.4	4.0	75.6	0.07	气态	560
9	二硫化碳	59.0	7.8	1.0	60.0	2.64	< −20	102
10	苯酚			1.8		1.07	79	715

第二节　煤气净化动火安全技术

一、常压动火方法

（一）拆迁

煤气净化装置生产连续性强，在防火防爆场所检修动火时，周边设备一般是不停产的，因而很危险。所以，凡是能拆卸转移到安全地区动火的，应不在防火防爆区域现场动火，一律在安全地区动火检修完毕或制作好再运到防火防爆现场安装。要注意的是，在防火防爆现场拆卸的管道和设备转移到安全地区后，也应冲洗置换合格才能动火，否则也有危险。

（二）隔离

在防火防爆场所动火，应采取可靠的隔离措施，凡对可燃气体容器、管道动火，通常采用加装金属盲板的方法，将连接的进出口隔断，必要时应拆卸一截，使动火管道与在用管道完全隔开。切忌依赖原有阀门而不加装盲板。这种隔断管道的盲板，除考虑其截面大小和密封性能外，应能耐受一定的压力，以防由于系统内泄使管内压力升高，将盲板压破。其厚度可根据压力容器圆形平盖进行计算。

（三）清洗置换

凡需动火的设备和管线，应先将所装的易燃易爆物质放掉，而后进行清洗置换，并取样分析。动火前，取样分析合格标准通常可用下面两个经验换算公式计算。

（1）若物质的爆炸下限小于4%，则合格标准浓度为该物质爆炸下限的1/25。

（2）若物质的爆炸下限大于4%，则合格标准浓度为该物质爆炸下限的1/50。

在生产实践中，水溶性物质（如纯吡啶）用水满溢清洗两次即可。非水溶性物质（如苯）在用水满溢清洗两次后，还得再用蒸汽吹扫15min。氨系统可用大量空气置换后再用氮气吹扫。清洗置换及吹扫的目的是消除可能形成的爆炸性气体。清洗置换及吹扫必须有进出通道，尽量避免弯头死角，才能使残液及爆炸性气体完全逸出。带填料的蒸馏塔，在清洗、置换并分析合格后必须立即动火，切不可过夜隔日再动火，以防吸附在填料内的可燃溶剂经过一夜的缓慢蒸发，在塔内又形成爆炸性气体而造成危险。目前清洗方法主要有蒸汽吹扫、水煮、机械水力以及喷砂等。国外有的厂家将惰性泡沫吹入已经放空的容器和管道内，使内侧表面覆盖一层厚厚的泡沫，这样就不必完全清洗干净，便可进行动火焊接或切割了。

（四）充氮保护

在可燃性混合气中掺入惰性气体，将减少可燃性气分子与氧分子的接触机会，并且破坏了燃烧过程的连锁反应，因此可使爆炸危险度降低，如在爆炸性混合气中掺入惰性气体，使混合物中的氧含量减少到适当程度（即临界添加量以上）即可避免燃烧和爆炸。

煤气净化装置可燃物质不发生爆炸时的最高氧含量见表9-2。

表9-2　煤气净化装置可燃物质不发生爆炸时的最高氧含量（20℃及0.1MPa）

可燃物质名称	不发生爆炸时的最高氧含量/%	
	用 N_2 稀释	用 CO_2 稀释
氢	5	5.9
一氧化碳	5.6	5.9
苯	11.2	13.9
二硫化碳		8.0

（五）水封

所谓水封法动火就是对内有可燃介质的管道，在设备动火检修前，将水注入其内，满溢后，直接在管道、设备上气割、电焊，使管道、设备内的可燃物封在水中，不能与助燃物相混合，达到消除燃烧三要素中的一个要素——助燃物遇明火达不到着火爆炸的条件。

（六）测爆

测爆法动火是指在厂房内外、地沟内、井内和设备内等空气中含有可燃介质的区域空间的检修动火，通过测爆仪测试或仪器分析其空气中可燃介质的含量，以此预知可燃介质在空气中的含量是否在着火爆炸下限浓度以下的方法。根据有关规定：爆炸下限大于4%（体积比）的易燃、易爆气体，其含量应小于0.5%（体积比）；爆炸下限小于或等于4%（体积比）者，其含量应小于0.2%（体积比）。值得注意的是：动火前0.5h应再做气体分析或测爆检测，证明合格方可动火。工作中每隔1h应重新分析，工作中断0.5h以上也应再重新分析。

二、带压动火方法

（一）正压动火法

正压动火法是比较普遍和常用的动火方法，其理论依据如下：

（1）凡属处于密闭管道、设备内的正压状态下不断流动的可燃气体，由于与大气的压差关系，一旦发生泄漏，便会冒出来，使空气不能由此进入。因此，在正常生产条件下，管道、设备内的可燃气体不可能与空气形成爆炸性混和物。

（2）由补焊处泄漏出来的可燃气体，在动火检修补焊时，只能在动火处形成稳定的扩散燃烧。由于管道、设备内可燃气体处于其着火爆炸极限含氧值以下，失去了火焰传播条件，因此火焰不会向内传播。

（3）由于管道、设备内可燃气体处在不断流动状态，在外壁补焊时产生的热量传导给内部可燃气体时随即被带走，而外壁的热量便散失于空气之中，因此不会引起内部可燃气体受热膨胀而发生危险。

（二）正压动火法的安全对策

在采用正压动火法进行生产检修动火之前，必须做到以下几点。

(1)保持管道、设备内可燃气体处于压力稳定的流动状态，如果压力较大，在生产条件允许情况下可适当地将压力降低。压力控制在 1.5～5kPa 为宜。

(2)从需动火补焊的管道、设备内取可燃气体做含氧量分析，其含氧量必须低于其可燃气体着火、爆炸的极限含氧量以下，周围一般不得超过 0.5% 为合格，易燃易爆气体中含氧量小于 1%。

(3)在有条件和生产允许情况下，在动火处上侧(可燃气体源流侧)加适量蒸汽或氮气，以降低可燃气体的含氧量。

(4)将补焊用的铁板块在泄漏处以打卡子的方法事先紧固好，使可燃气体外漏量尽量减少，一方面避免在补焊中焊处着火将焊工烧伤，另一方面便于补焊。

(5)动火处周围空气要保持流通，必要时应设临时通风机，避免外漏可燃气体积聚与空气形成爆炸性混合物，在动火时遇火源发生爆炸。

（三）负压动火法

负压动火法具有一定风险。如在鼓风机前的负压煤气管道及其设备上动火，仍视为是不可愈越的"禁火区"。事实并非如此，负压动火法的理论依据是：只要是负压管道，设备系统内可燃气体含氧量在其着火、爆炸极限含氧量以下，它就失去了火焰传播条件，即使遇有火源，既不会着火又不爆炸；根据减压对着火、爆炸极限的影响，一般是压力在数十千帕以下的范围内减压时，着火、爆炸极限范围缩小，即下限值变大、上限值变小。约等于当压力减低至 10kPa，下限值与上限值便迅速接近，待压力降至某一值时，下限值与上限值重合在一起，此系统便成为不着火、不爆炸系统。因此，在可燃气体处于负压不断流动状态下的密闭管道，在设备外壁上补焊动火是安全的。因为由于真空的形成而不使其内可燃气体着火，免除爆炸的危险。

（四）负压动火法的安全对策

(1)首先是冷补，即用树脂和玻璃纤维布，以及其他冷补方法将负压管道、设备的泄漏处黏严，防止空气由此吸入管道、设备内，再在其上面铺盖大小适宜的钢板进行动火补焊。

（2）在动火补焊前，必须取样作可燃气体含氧量分析（即使可燃气体含氧量在其着火、爆炸极限含氧量以下）。

（3）用测厚仪测定管道、设备泄漏处钢管现有厚度，保证在动火补焊时不致烧穿的条件下进行补焊。

（4）根据可燃气体中加入惰性气体可降低或消失爆炸极限的原理，在生产条件具备和允许情况下，可在动火补焊处的上侧加入适量的蒸汽或氮气等惰性气体，以提高安全动火的可靠性。

（5）在动火补焊过程中，每隔半小时做一次可燃气体含氧量分析（如用氧气监测仪，连续监测可燃气体含氧量则更为理想）。

加强操作管理，保持负压稳定，如生产条件允许可适当地降低吸力。动火时分兵把口、统一指挥。

三、应急堵漏

在生产过程中，有时突然出现设备或管道泄漏，急需堵漏，通常是用动火补焊处理。可是由于易燃易爆物料生产平衡和环境条件等多方面的原因，不能采用拆迁、隔离、清洗置换、充氮保护、水封、测爆等动火安全措施，又不宜采取正压和负压不置换动火时，可临时采用增强环氧树脂黏结法进行堵漏，但安全措施必须到位。

四、动火安全技术标准

着火爆炸极限是在常温常压下的测定值，由于测定条件和方法不同而不尽相同，只能作为参考数据而不能作为动火安全技术标准数据。为确保动火安全，必须符合下列动火安全技术标准。

（1）空气中含可燃介质浓度标准：

凡着火、爆炸下限 <4% 的可燃气体（蒸汽），其在空气中含量不得 >0.2%。

凡着火、爆炸下限 ≥4% 的可燃气体（蒸汽），其在空气中的含量不得 >0.5%。

可燃粉尘在空气中含量应低于其着火、爆炸下限的25%。

(2)正、负压煤气管道、设备内的煤气含氧量不得>1%。

(3)如取样分析，取样不得早于动火前2h，同时取样要有代表性，即在动火容器内上、中、下部各取一个样，再做综合分析。

(4)如用测爆仪测试时，测爆仪不能少于两台且同时进行测试，以防测爆仪失灵造成误测而导致动火危险。

(5)如当天动火未完，在第二天动火前亦必须再进行空气含可燃介质分析或测爆仪测试，合格后方可继续动火检修。

五、煤气净化区域动火管理规定

为了确保生产、检修、技改、科研、工程及生产与施工交叉作业的防火安全，以利生产、检修施工作业的顺利进行，根据有关法规和煤气净化区域易燃、易爆的生产特点，在该区域动火作业时，应遵守以下规定：

(1)煤气净化区域按生产、消防要求，划分为一、二、三级禁火区，并建立相应的动火审批制度，在禁火区内的动火作业，必须实行相应的一、二、三级动火审批制度。

(2)动火作业的委托(申请)者、动火者、监护者、审批者必须按规定切实履行职责。

(3)动火等级划分范围：

1)一级动火区域：轻油回收装置、鼓风机室、槽区、汽车与火车装卸场(包括粗苯装车场)、纯苯管道、煤气总管及关联设备(初冷器、直冷器、鼓风机、电捕焦油器、中冷塔、脱硫塔、吸氨塔、粗苯吸收塔等直接通煤气的设备)、苦味酸槽、中控室、电器室、电缆室、计算机房等。

2)二级动火区域：无水氨充装(汽车场、火车场)、溶剂脱酚装置、危险品仓库、化验室等。

3)三级动火区域：除了上述第一、第二级动火区域外，其他动火均作为第三级动火区域范围。

4)抢修时，必须带压的设备管道(指易燃易爆介质，如苯、氨等)及施工、生产设备交叉接口的动火作业，原则上定为一级动火。

(4)动火申请、审批与批准权限：

1)一级动火：

①"动火许可证"先由委托方按要求组织填写具体动火内容，并交动火方按要求填写，然后由委托方会同动火方、禁火区作业长一起研究制定防火安全措施，确定动火监护人后，由委托方将动火申请许可证交区域安全员。

②区域安全员接到由委托方交来的动火许可证后，会同专业技术部门或煤防站、委托方、禁火区域方、动火方等有关人员一起到现场检查防火安全措施，提出有关补充意见并签字，交分厂（部门）领导，经现场确认并签发后生效。

动火期限根据各单位具体情况确定。

2)二级动火：

①"动火许可证"先由委托方按要求组织填写具体动火内容，并交动火方按要求逐栏填写，然后由委托方会同动火方、禁火区域方一起研究制定防火安全措施，确定动火监护人，交禁火区作业长审查并签字后，交区域安全员。

②区域安全员接到由委托方交来的"动火许可证"后，会同委托方、禁火区域方、动火方有关人员一起到现场检查防火安全措施，并提出有关补充意见并签字后，交分厂（部门）领导签发生效。

③涉及面广、危险性大的二级动火由分厂领导提出，可按一级动火的要求办理动火申请。

动火期限根据各单位具体情况确定。

3)三级动火：

①"动火许可证"先由委托方按具体要求组织填写动火内容，并交动火方按要求逐栏填写，然后由委托方会同动火方、禁火区域方一起研究制定动火安全措施，确定动火确认（监护）1人，指定确认（监护）人接受确认（监护）任务后，对动火内容及措施确认并签字后交禁火区作业长签发后生效。

②涉及面广、危险性大的三级动火由作业长提出，可按一级或二级动火的要求办理申请。

动火期限根据各单位具体情况确定。

4)所有一、二、三级动火结束后，禁火区域方必须将"动火许可证"交回各厂区域安全员存档，以便上报统计使用。

（5）上述一、二级动火如涉及煤气设备管道，还须提请煤气防护部门审核。

（6）对一些火灾危险性大的动火，应由禁火区域分厂领导确认。可由消防、安全、环保人员以及生产、点检等共同参与制定动火安全措施。

（7）对一些危险性大、情况复杂的动火项目，安全环保室各区域(部门)安全员要严格按照动火安全技术标准，测试合格后方可实施动火作业。实施动火期间，如果确认及测试时间与实际动火作业开始时间超过2h或中途停止作业2h以上的，必须重新测试并确认防火措施，防火措施达到动火要求后方可进行动火作业。

（8）动火作业必须在动火期限内进行，不得延期，逾期必须重新办理动火证。

第三节　尘毒危害与预防

一、尘毒的基本概念

在工业生产中使用或产生的毒物，通常称为工业毒物或称为生产性毒物。毒物侵入人体而导致的病理状态称为中毒。

关于毒物的概念，它涉及到物质的作用条件和数量。例如，氯化钠(盐)日常作为食用，但溅到鼻黏膜上就能引起溃疡，甚至使鼻中隔穿孔；而人一次服用200~250g氯化钠就会致死。即物质在特定条件下，作用于人体会具有毒性。通常所说的毒物，主要是指少量进入人体即能引起中毒的物质。

（一）尘毒物质的形态

工业毒物在一般条件下，常以一定的物理形态存在，如固体、液体或气体。但是在生产环境中，随着反应或加工过程的不同，则有下列六种状态可造成环境污染。其中的粉尘，为飘浮于空气中的块状固体微粒，直径大于 $0.1\mu m$ 者，大多数为固体物料被机械粉碎、研磨时形成。

根据粉尘的性质可分为：

(1)无机性粉尘：

①矿物性粉尘，如石英、石棉等。

②金属性粉尘，如铅、铜、铁、锰等金属粉尘。

③人工无机性粉尘，如金刚砂、水泥、炭黑、石墨等。

(2)有机性粉尘：

①植物性粉尘，如棉花、亚麻、烟草、茶叶和谷物等。

②动物性粉尘，如毛发、骨质等。

③人工有机性粉尘，如炸药、有机染料等。

(3)混合性粉尘，即为上述各种粉尘的混和物。根据粉尘颗粒又可分为：

①粒尘。即粒子直径在 $10\mu m$ 以上，肉眼可见。该种粒子在静止空气中停留时间较短，能加速在空气中沉降。

②云尘。即粒子直径在 $0.1 \sim 10\mu m$。该种粒子能在静止的空气中徐徐下沉。

③烟尘。即悬浮在空气中的烟状固体微粒，其直径为 $0.001 \sim 0.1\mu m$。该种粒子能够悬浮于静止的空气中不下沉，或者非常缓慢曲折地沉降。因其颗粒大小接近空气分子，常为某些金属熔化时产生的蒸汽，在空气中速冷氧化凝聚而成，如熔铜时放出的锌蒸汽所产生的氧化锌烟尘、熔铬时产生的氧化铬烟尘等。

(4)雾：为混悬于空气中的液体微粒。多是蒸汽冷凝或液体喷散所形成，如铬电镀时的铬酸雾、喷漆中的含苯漆雾等。

(5)蒸气：为液体蒸发或固体物料升华而形成，前者如苯蒸气；后者如熔磷时的磷蒸气等。

(6)气体：为生产场所的温度、气压条件下散发于空气中的气态物质，如在常温常压下的氯、氨、一氧化碳、二氧化硫、硫化氢等。

(二)尘毒物质的浓度

工业毒物的毒性大小或作用特点，常随着它本身的理化特性、剂量

（浓度）、环境条件以及个体的敏感性等一系列因素而异。毒物的剂量与反应之间的关系，用"毒性"一词来表示。毒性计算所用的单位，一般以化学物质引起实验动物某种毒性反应所需的剂量表示。如经呼吸道进入人体内，由吸入中毒，则用空气中含有该物质的量（浓度）即 mg/m^3 或 10^{-6} 表示。若中毒所需浓度愈小，则说明该物质毒性愈大。最通用的毒性反应是实验动物的死亡数。预防生产场所空气中有毒物质危害的重要措施之一，是确定工人在该场所工作容许毒物的最高浓度。

在这种极限浓度以下工作，无论在短时间和长时期接触过程中，对人体均无特别危害。就预防职业中毒而言，主要是制定车间空气中有害物质的容许浓度。煤气净化装置几种常见的有害物质在车间空气中最高容许浓度如表 9－3 所示。

表 9－3 煤气净化装置几种常见的有害物质车间空气中最高容许浓度

序号	物质名称	最高容许浓度/（mg/m³）
①	吡啶	4
②	苯（皮）	40
③	NaOH	2
④	NH_3	30
⑤	H_2S	10
⑥	H_2SO_4 及 SO_3	2
⑦	其他粉尘	10
⑧	HCN	0.3
⑨	酚（皮）	5
⑩	盐酸	15
⑪	硝酸	5
⑫	二甲苯	100
⑬	甲苯	100
⑭	硫酸	2
⑮	苛性钠	0.5

二、我国煤气净化作业环境毒物的主要污染源

在煤气净化过程中，粉尘影响较少，我们着重讨论毒物的影响。我国

焦化行业，煤气行业，主要有苯、酚、氨、H_2S、HCN 等数十种毒物产生，其主要污染源有以下 6 个方面：

（1）鼓风冷凝的机械化氨水澄清槽、循环氨水中间槽、冷凝液中间槽和焦油贮槽、萃取脱酚的氨水槽放散管排出的氨、H_2S、HCN、苯和其他挥发性混和物。

（2）终冷器的凉水架是排放氰化物、苯和有机物的污染源。

（3）无水氨系统、蒸氨系统、氨水系统氨的泄漏和挥发，硫酸系统硫酸铵系统中、酸的泄漏和酸性气体侵蚀。

（4）粗苯回收的几种油水分离器、粗苯或轻苯贮槽、洗油贮槽，再生器残渣槽的放散管，萃取脱酚的溶剂槽，溶剂循环槽、溶剂再生装置油水分离器的放散管，排放苯和其他挥发性有机污染物。苯冷凝冷却器的不冷凝气体排出管排放苯和 H_2S、HCN 再生器残渣槽放散管排放高沸点芳香烃等。

（5）轻粗吡啶回收装置的分离器和轻粗吡啶槽、放散管排出的吡啶。

（6）冷凝鼓风机、煤气压送机和煤气水封槽等设备煤气的泄漏。

第四节　煤气安全管理重点内容

近年来发生的煤气中毒事故暴露出企业在正常生产与建设施工或检修之间出现交叉作业的情况下，对煤气使用管理存在严重问题。一是企业没有切实落实交叉作业的现场安全管理职责，简单以与施工企业签订安全生产协议的方式，将安全生产责任全部落到施工企业身上。二是企业和施工企业没有制定严谨的施工或检修方案，明确各相关方的安全生产职责和应当采取的安全措施，指定现场专职安全管理人员进行安全检查与协调。三是企业和施工企业在安全措施未经确认的情况下，即下令和实施作业。四是企业或施工企业没有按照《工业企业煤气安全规程》（GB 6222—2005）的规定，对生产区域与施工区域实施有效的煤气隔断措施。五是进入有煤气中毒风险现场的企业或施工企业的作业人员，培训不到位或未经培训，在未按规定配戴防护用具的情况下进行操作或组织施救，造成事故或导致伤亡扩大。

因此，必须督促企业建立和完善煤气安全管理的保障措施，加强煤气的安全管理，防范生产与施工或检修交叉作业时发生煤气中毒事故。

一、一般安全管理内容

（1）应明确专门机构负责煤气的安全管理，并配足相应的专业技术人员及相关检测检验设备和防护用品。

（2）应建立健全煤气安全管理制度，如区域管理、教育培训考核、岗位运行检查、专业检查、检修管理等制度。

（3）应对从事煤气生产、储存、输送、使用、维护、检修的人员，进行专门的煤气安全基本知识、煤气安全技术、煤气检查方法、煤气中毒紧急救护技术等内容的培训，并经考核合格后，方可安排上岗作业。

二、检修期间安全管理内容

检修主要指焦炉、高炉、转炉煤气回收、贮存、使用输送系统的检修。

（1）应制定三个方案：一是检修工作方案；二是停气和吹扫方案；三是送气置换方案。方案应包括组织指挥机构，检修内容和涉及范围，检修程序，安全措施和应急处置等内容；应办理有关作业的许可证，做好安全确认，并进行严格检测并记录，做到统一指挥，令行禁止。

（2）负责施工的单位必须与业主单位签订安全生产协议，同时经各有关部门认可并办理相关手续。施工企业应对自身范围的安全工作承担责任。

（3）检修实施前应对作业人员进行针对性的安全教育和安全交底。

（4）作业人员应随身佩戴便携式一氧化碳报警仪，作业环境有害气体浓度超标或氧气浓度不足时，应佩戴空气或氧气呼吸器，设专职监护人。

（5）作业场所应设有逃生及救援通道。有条件的企业应组织消防车、急救车现场待命。

（6）检修规定内容不得改变，否则必须重新申请。项目完成后由负责人签字确认。

（7）施工作业要求：施工中要严格遵守制定的施工单项安全措施，动火点必须备有相应、有效的灭火器材和一氧化碳测定器；进入煤气设备或管道内作业，必须配备便携式一氧化碳测定器和便携式氧气测定器，并采取联系呼叫措施予以安全确认；工作人员每次进入设施内工作的间隔时间至少在2h以上，中间到无煤气地点休息。带煤气危险作业，如带煤气抽堵盲板、带煤气接管、高炉换探料尺、操作插板等，不应在雷雨天进行，不宜在夜间进行；作业时，操作人员应佩戴空气正压呼吸器或隔绝式防毒面具，并应遵守下列规定：①工作场所应备有必要的联系信号、煤气压力表及风向标志等；②距工作场所40m内，不应有火源并应采取防止着火的措施，与工作无关人员应离开作业点40m以外；③应使用不发火星的工具，如铜制工具或涂有足够厚度润滑油脂的铁制工具；④距作业点10m以外才可安设照明装置；⑤不应在具有高温源的炉窑等建、构筑物内进行带煤气作业。

带煤气动火补焊等作业，必须保持管内煤气正压不低于100Pa，在动火点附近安装校验有效期内的适用压力表，专人连续监视压力，并用对讲机保持联系，无法确保规定压力时应立即停止作业。

(8)停气应确认全部止火。使用按规程规定有效可靠的装置关闭入口煤气及仪表导管阀门，检修设备与运行中的设备要用盲板或眼镜阀可靠切断。打开末端放散管，确保内部煤气吹净。

末端放散应高出煤气管道、设备或平台4m，距地面不小于10m，车间内部或距车间10m以内不经常操作的放散管必须高出建筑物的屋檐，操作时应站在上风口，必要时在放散口附近划定警戒区，区内禁止有火源，并注意煤气不要逸入周围房屋。

高炉煤气管道停气时，从煤气来源阀门后附近通氮气赶煤气，也可采用打开所有人孔，自然通风或强制送风赶残余煤气。

焦炉煤气或混合煤气管道停气时，向管道始端通入氮气，也可先通入高炉煤气赶残余煤气，后按赶残余高炉煤气的方法处理。

排水器由远而近逐个放水驱除内部残余煤气。

在管道末端和各死角处做爆发试验，如点不着，可停止通氮气，打开人孔通风，待含氧量达18%和一氧化碳含量合格后，方可进入管道内工作。

(9)送气应清除管道内杂物，清点工具，人数齐全后封闭人孔和手孔。所有阀门应完好无损，能按要求关闭和开启。将排水器灌水满流，保证达到规定要求的水封高度，关闭排水管阀门和试验头阀门。管道及附属设备上停止动火作业，煤气管道周围不得有火源和大于200℃的高温物质。打开末端放散管，从管道始端通入氮气赶空气，在末端放散管附近取样试验至含氧量低于2%。打开阀门引入煤气，同时停止通入氮气，以煤气赶氮气在末端放散管处做爆发试验，连续三次合格后关闭放散管。打开仪表导管的阀门，恢复仪表指示。改扩建及大修后的煤气管道必须经严密性试验和全面检查验收合格后才能送气。

（10）发现煤气泄漏，不能盲目冒险作业和冒险抢救。

三、改扩建工程期间安全管理内容

改扩建工程主要指焦炉、高炉、转炉的改造、扩建、检修，涉及煤气回收系统的交叉作业。除应按照上述相关要求执行外，还要做到以下几点：

（1）在改扩建工程与正常生产交叉作业情况下，企业是涉及双方安全生产事项的主要责任方，并对此承担责任。应将涉及本企业和施工企业安全生产管理的事项纳入本企业的安全管理系统。如施工企业在进行转炉砌炉作业时，企业不能将煤气泄漏到作业现场。

（2）应制定施工方案，对涉及的各项工作内容、各个单位的任务、职责作出明确规定，非重新确认不得更改。

（3）改扩建工程负责人和生产系统负责人要一对一地负责联系，避免其他任何人转达指令。

（4）在改扩建工程范围内的施工作业内容未全部结束，人员未全部撤离的情况下，应杜绝一切涉及煤气系统的试车和调试，不得组织与生产系统对接联网。

（5）改扩建工程后的煤气设施应经检查验收，证明符合安全要求并建立健全安全规章制度后，方可投入运行；改扩建后的煤气管道必须经严密性试验和全面检查验收合格后才能送气。煤气设施的验收必须有煤气使用单位的安全部门参加。

四、煤气设施安全检查内容

（一）一般规定

（1）各种主要的煤气设备、阀门、放散管、管道支架等应编号，号码应标在明显的地方。

(2)有泄漏煤气危险的平台、工作间等，均必须设置相对方向的两个出入口。

(3)各类带煤气作业处应分别悬挂醒目的警告标志。

(4)煤气辅助设施保持完好有效。

(5)对于设备腐蚀情况、管道壁厚、支架标高等每年重点检查一次，并将检查情况记录备案。

(6)煤气危险区(如地下室、加压站、地沟、热风炉及各种煤气发生设施附近)的一氧化碳浓度必须定期测定，在关键部位应设置一氧化碳监测装置。

(二)用气点

(1)烧嘴阀闸门前须设有取样管。

(2)两个炉子应分别设置独立的放散管。

(3)烧嘴阀的头部有明显开关标志。

(4)烧嘴阀前有放水或放气头。

(5)阀门严密、灵活、无泄漏。

(6)助燃风管设泄爆膜和低压报警装置。

(三)管道

(1)厂区主要煤气管道须标有明显的煤气流向和种类。

(2)所有可能泄漏煤气的地方均须挂有提醒人们注意的警示标志。

(3)管道本体无可见泄漏(含法兰、阀门及附属装置)。

(4)煤气管道与水管、热力管、燃油管和不燃气体管在同一支柱或栈桥上敷设时，其上下敷设的垂直净距不宜小于250mm。

第十章 煤气作业典型事故案例分析

【案例一】高炉炉缸煤气中毒事故

事故概述：

1989 年 8 月 3 日，某厂 620m^3 高炉大修后期，发生了 1 起多人煤气中毒事故。当时 8 名工人进入炉内安装烘炉导向管和制作铁口泥包。当天 17：00，有 3 人感觉头晕、恶心，其中 1 人较重，怀疑是煤气中毒，所有人员迅速从炉内撤出并将伤者送往医院。经化验，3 人血液中碳氧血红蛋白超量，确诊为 CO 中毒，送高压氧舱治疗，1 个月后均痊愈。

事故原因分析：

2#、3#热风炉 7 月 31 日已经烘炉(1#热风炉仍在检修，热风阀堵了盲板)，由于煤气燃烧不完全，废气中含有少量 CO，而热风阀又不能关闭得十分严密，会泄漏一些废气，工人们便利用倒流休风管产生的抽力将其抽走。用此办法烘炉 3 天，高炉炉台未发现任何异常。

8 月 3 日下午 15：00，开始安装烘炉用导向管，并留出 2 个风口通风和供人员出入。此时，高炉炉长令炉外工人将风口直吹管装上，15：00 许，就发生了上述事故。当天 19：30 化验风口处 CO 含量，达到 140mg/m^3，20：00 将直吹管全部卸掉，2h 后再化验，炉内 CO 含量为零。

直吹管安装后，倒流休风管—热风管道—直吹管—烘炉导向管—高炉炉体—煤气上升管组成了 1 个连通器，由于煤气上升管高度远远大于倒流休风管高度，根据烟囱抽力计算公式可知，高炉煤气上升管抽力大于倒流休风管抽力，致使 2#、3#热风阀泄漏的废气发生倒流。

【案例二】抢险时违章作业煤气中毒事故

事故概述：

1995 年 3 月 18 日，某钢铁公司煤气车间抢险班在煤气管道搭头施工中，由于安全措施不到位，防护不周密，造成严重的煤气中毒事故，10 人中毒，1 人死亡。

在事故发生的前两天，即 3 月 18 日，煤气车间召开生产调度会，对 20000m³ 气柜进出气煤气管道搭头施工方案作生产任务布置，要求抢险班必须在 3 月 23～24 日完成搭头连接配合工作。车间助理：工程师提出，3 月 23 日前要把临时管道的盲板抽掉一块，以便为新管搭头用气争取时间。调度会指定抢险班班长马某负责组织施工。

3 月 20 日 8：00 上班后，马某按照调度会的要求，带领抢险班到起压站（阴井）抽取盲板。起压站（阴井）井长 3m，宽 1.8m，深 2m。到达作业点后，马某指挥人员掀开盖板，未戴氧气呼吸器就直接下井拆煤气管上的法兰盘螺栓。当大部分螺栓卸完，还剩下两三颗时，已有小部分煤气泄漏，此时人们才意识到煤气压力高。马某对站在井口的陶某某说："你去机房，告诉机房的人降压。"陶某某打不通电话，就直接到车间办公室告诉值班人员说："煤气压力太大，要求停二次加压机。"办公室值班人员忙打电话通知净化站停机。此时抢险班安全员夏某某也已给净化站打电话通知停机。夏某某返回后告诉抢险班班长马某，净化站正在准备停机。马某没有确认已停机就返回井下作业处，继续拆螺栓。由于螺栓长时间没有动过已锈死，难以拆除，有人提议用千斤顶顶开。马某说："不用了，用撬棒一撬就开了。"安全员夏某某说："这地方煤气还是有点大，是不是去拿呼吸器？"此时另一边的螺栓已拆完，马某这边最后一个螺栓只剩几道螺纹，只听"嘣"的一声，螺栓弹飞，盲板上方管道被顶起，煤气"吱吱"地喷出来。马某还想乘势去抽盲板，但是已身不由己，歪歪斜斜往下倒，其他站在井内人员因煤气中毒也纷纷倒下。当煤气车间主任带领其他人员，带着氧气呼吸器将井内中毒人员救上来时，一人已因严重中毒经抢救无效死亡，马某等 3 人重度中毒，经及时送附近职工医院抢救得以生还。车间主任等 7 名抢救人员在抢救中因误吸一氧化碳中毒，也被送进职工医院。

事故原因分析：

这是一起严重的违章作业事故。在公司煤气车间制定的安全管理规章制度中明确规定，煤气抢修、检修工作必须减压，携带氧气呼吸器。抢险班在实施抽取盲板工作中，事先未制定安全施工方案，只凭以往快动作抽取盲板得逞的经验代替遵章守纪，事到临头才想起减压、戴氧气呼吸器，而氧气呼吸器又被锁在工具箱里，平时不作保养，临危之时用不上。侥幸的是，在抽取盲板和抢救过程中没有发生火花，避免了煤气燃烧爆炸事故，否则将会造成更大的损失，更为严重的后果。

【案例三】某钢铁公司京西炼钢厂煤气中毒事故

事故概述：

1997年1月31日，某钢铁公司京西炼钢厂炼钢车间发生一起煤气中毒事故，3名值班的煤气巡检工和前来抢救的3名值班人员煤气中毒，因发现和救治及时，没有酿成重大人员伤亡事故。

1月31日，某钢铁公司京西炼钢厂炼钢车间40m平台煤气回收巡检值班室3名值班人员正在值班。6：05，3名值班人员中的冯某，说肚子饿了，想吃点东西，于是站起身准备到食堂买饭。另一位值班人员汪某感觉憋闷得难受，也想到食堂买点东西，站起身也准备走。2人站起身后感觉头重脚轻，迈不开步。到了此时值班的3人还没意识到有什么异常，因为新购进的德国德尔格一氧化碳报警仪没有发出警报，一点动静都没有。另一位40多岁的巡检工章某敏感些，他意识到可能有煤气泄漏，出现煤气中毒，于是抓起桌上的对讲机大喊："快来救我们，40m平台的人都中煤气了！"当班巡检班长和2名工人听到了呼救，直奔40m平台煤气回收巡检值班室救援；同时炼钢厂调度室也听到了呼救，通知驻厂煤气防护站人员迅速组织救险。

煤气回收巡检值班室方圆几十米区域煤气弥漫，值班室内的人都被熏倒在值班室外，前来救援的3人因未佩戴氧气呼吸器，也被熏倒。就在此时，驻厂煤气防护站人员接到厂调度站的紧急通知，佩戴氧气呼吸器及时前来救援，将煤气中毒人员迅速救援出来。

事故原因分析：

在值班室周围，粗大的煤气回收管、回水管、回水阀、风机阀、氧枪泵、罩裙泵等大型设备纵横交错，是炼钢辅助设备的重要区域。冯某等3名值班工人接班后，打着手电巡检了一遍设备，便再没走出值班室，没有按照规章制度按时巡检，放弃了巡检责任。煤气泄漏后，竟丝毫没有察觉。

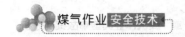

【案例四】重力除尘操作间煤气爆炸事故

事故概述：

2003年5月12日0：50，某钢铁公司1#450高炉布袋班长在组织泄重力除尘灰时，由于煤气法兰漏气，在组织关下部球阀时，因球阀转动不灵活导致电机烧坏，致使大量煤气聚集在操作间，煤放员果断下达撤离指令，大约在3名人员撤离3min后重力除尘操作间发生了煤气爆炸事故，造成南面倒塌，其他三面变形。

事故原因分析：

重力球阀电机损坏无法关闭，致使煤气大量聚集与空气混合达到了爆炸比例，这时1#450高炉正在组织出铁，铁花飞溅到重力除尘下锥体顺泄灰管进入操作间内。

【案例五】检修现场煤气放散突然打开导致煤气中毒事故

事故概述：

2003年10月18日8：45左右，3#450高炉计划检修，当维修工翟、宋二人在布袋顶层拆完放散正准备将放散管吊下时，突然4#450高炉4号箱体打开了放散，翟、宋2人立即感到头晕，然后失去知觉。事发后，地面人员立即组织4人去救人，因布袋顶层没有设与下面连接的梯子，在抢救过程中4人也吸入了高浓度的煤气，造成了煤气中毒，经全力抢救6人全部脱离了危险。

事故原因分析：

布袋工明知有人检修放散，在没有通知维修人员的情况下打来了4#炉净放散，致使高浓度的煤气刮到检修现场。发现有人发生煤气中毒后，在没有采取任何防范措施的前提下地面人员盲目施救导致事故扩大。

【案例六】高炉炉壳开裂煤气泄漏事故

事故概述：

2004年1月15日上午10：00许，南昌某公司炼铁厂4#高炉炉壳开裂发生煤气泄漏，正在检修的20名职工发生煤气中毒事故，经全力抢救全部脱离危险。

事故原因分析：

炉皮开裂没有修复，长期带隐患运行，并且在高炉检修的作业人员没有任何防护措施。

【案例七】燃气锅炉爆炸事故

事故概述：

2004 年 9 月 23 日 16：00 左右，河北省武安市某铸管公司，在建高炉煤气综合利用发电项目 75t 燃气锅炉进行单体设备负荷调试。在点火时该锅炉突然发生煤气爆炸，造成该在建项目锅炉、管道、烟囱等设备的损坏和垮塌，24 日凌晨 1：30，搜救工作结束。事故造成 13 人死亡（其中本公司工人 3 名，其余为项目施工单位人员），8 人受伤。

高炉煤气综合利用发电项目计划投资 4900 万元。项目主体设备为 1 台 75t/h 燃高炉煤气锅炉、1 台 12MW 燃汽发电机组及相应配套设施，计划采用并网不上网运行。项目经设计、施工、设备供应等招投标程序后，由具备相应资质的邯郸某工程设计有限公司承担项目设计，中国华北某建设公司承担主体设备安装工程，邯郸某公司承担煤气电厂整体启动调试工作。事故发生于设备单体负荷调试及启动调试阶段。本次发生事故的设备为上述 75t/h 燃高炉煤气锅炉。

事故原因分析：

没有统一指挥，该公司及施工单位混乱，造成三个阀门开启，焦炉煤气进入锅炉内部，在点火时发生煤气爆炸事故。

【案例八】安全阀防爆膜泄漏事故

事故概述：

2004 年 9 月 27 日凌晨，霸州市某公司炼钢厂发生煤气中毒事故，造成 5 人死亡，2 人受伤。

9 月 27 日凌晨 4：30 左右，霸州市某公司天车操作工在从事吊运作业时按动了警铃，但天车没有动作，在场 1 名工人爬上天车操作室查看情况，也倒在了操作室内。下面人员以为是触电，立即切断电源后，3 名电工上去救人时也倒在天车上。这时，他们才意识到是煤气中毒，2名煤气救护员到场后迅速爬上天车救人。同时，现场立即切断煤气开关，拔掉车间吹渣用氧气管，向天车操作室周围喷冲氧气，组织工人将昏倒在天车上的人员抢运下来，并立即送往医院抢救。截至目前，5名工人医治无效死亡，2名煤气抢险救护员经救治已基本脱离生命危险。

事故原因分析：

位于露天的煤气管线安全阀防爆膜破裂，致使煤气外泄。

【案例九】某炼铁厂煤气中毒事故

事故概述：

2005年7月28日23：48，某炼铁厂看水工孙某在与同班员工白某、程某更换风口镜时，吸入泄漏的煤气使其煤气中毒，在孙某中毒后被白某、程某及时发现，将其送到高炉出铁平台梯子处向煤气防护站人员汇报，在煤气防护站人员进行紧急救护的同时，炼铁厂安全员也及时赶到现场，了解事故发生经过和救护情况。看到孙某头脑清醒，但四肢无力且伴有抽搐现象，炼铁厂安全员立即征求煤气防护站工作人员是否将其送到就近医院进行救护，在征得煤气防护站人员同意的情况下，23：50，在向总调度室、公司安全主管和厂领导汇报事故经过的同时，要求总调度室派车将中毒人员送往医院。24：02，总调派车来到事故现场，炼铁厂派周某、白某和煤气防护站一人把孙某送到市人民医院进行救护。经医院抢救已脱离危险。在送走炼铁厂孙某后，煤气防护站人员发现炼铁厂程某也有煤气中毒现象，立即对其进行吸氧。20min后，程某已基本正常。煤气防护站人员在看到程某已恢复正常，要求炼铁厂送程某回家休养恢复。

事故原因分析：

(1)炼铁厂员工对煤气知识掌握得不够。经事后了解，炼铁厂孙某在7月28日21点左右已出现呕吐现象，如果对煤气中毒的知识了解，立即进行采取吸氧措施，就不会引起煤气中毒加重。

(2)炼铁厂对便携式煤气报警器的分配不合理。炼铁厂在领用煤气报警器后，没有合理的分配，把报警器分配给一些不重要的岗位。

(3)炼铁厂没有严格执行投产安全措施方案。在确定投产安全措施方案时，公司生产指挥中心安全部门主管根据炼铁厂要求配备防护人员，要求动力厂煤气防护站对炼铁厂上炉操作人员进行监护。炼铁厂看水工在操作过程中，没有通知煤气防护站人员进行监护。

【案例十】某炼铁厂煤气中毒事故

事故概述：

2005 年 12 月 10 日 22：20 左右，某钢铁厂 4# 高炉计划检修结束准备送风。喷吹除尘作业区横班班长郭某与班组员工做送风前准备工作。开净煤气热风炉盲板阀，松开阀后动作盲板开位，盲板阀开到位后夹紧液压杆动作失灵。郭某令岗位工高某按夹紧开关，然后自己用大锤砸液压杆使其动作，22：40 管道煤气从未夹紧的盲板阀中串出导致郭某头晕，郭某自己下到平台上后晕倒，岗位工见状往下抬人并通知调度室及救护站人员到现场进行抢救，送往医院诊治。

事故原因分析：

直接原因：横班班长郭某实施煤气作业前未按炼铁厂安全规定配代呼吸器，属违章作业，是造成事故的直接原因。班员员工对郭某违章作业未加制止，是造成事故的另一原因。

间接原因：班组粗犷式安全管理，班长带头违章作业，反映出各级主管安全意识淡薄，安全工作流于形式。

【案例十一】新疆某钢铁公司煤气中毒事故

事故概述：

2006 年 5 月 8 日，17：40 左右，新疆某钢铁公司加热炉工段长徐某在直材液压处进行调试，于 18：40 左右回到主控室寻找老虎钳后出去，19：00 左右加热炉看火工曾某检查加热炉水管时发现徐某倒在加热炉南侧地坑内（靠近排钢区域），立即喊人进行抢救，后送往医院，20：20，徐某经抢救无效死亡。

事故原因分析：

直接原因：加热炉煤气区域未经检测，在无人监护的情况下，徐某违章擅自下地坑绑水管，造成煤气中毒是这起事故的直接原因。

间接原因：轧钢厂加热炉段长、助理工程师徐某在安排工作作业时，忽视安全确认制度，在进入连续生产区域作业时，没有进行进入煤气区域的安全确认；安全生产管理不到位，责任不明确，有规章制度但制度落实不到位，未认真落实安全生产责任制、操作规程；安全防护设施不到位，加热炉煤气地坑区域未加设防护栏，没有明显的警示标志；现场管理不到位，在高危作业区作业时监护不力，煤气监测范围不全，存在煤气遗留死角；未认真开展企业"三级"教育，安全培训教育不到位，企业管理人员和作业人员缺乏必要的安全防护知识，安全意识和自我保护意识淡薄。

【案例十二】某炼钢厂一次除尘风机爆炸事故

事故概述：

2006 年 7 月 10 日晚 20：20 左右，正在生产中的某炼钢厂一次除尘烟道水封由于大量缺水，大量空气进入烟道与转炉煤气混合，产生高温混合煤气。在 21：23 到达爆炸极限，产生爆炸，造成一次除尘 1# 风机损坏，炼钢停产。

事故原因分析：

（1）巡检不到位，没有按照安全操作规程进行巡检。20：22，负压已经出现异常，说明烟道水封已缺水。

（2）调度违章指挥，只重生产忽视安全。风机进出口温度没有降下来，烟道水封没有补完水，盲目指挥生产造成事故。

（3）没有按照规定风机和转炉氧枪连锁限制转速，并且调整后没有通知相关操作人员。

（4）事故处理不及时，缺少经验，没有制定相应的应急预案。

【案例十三】煤气柜泄漏事故

事故概述：

2006 年 10 月 30 日 20：15 左右，某钢铁有限公司 100000m³ 煤气柜发生煤气泄漏，泄漏时间长达 75min，泄漏量 109800m³，造成 7 人中度中毒，16 人轻度中毒，应急疏散周边群众和企业员工 900 人。

事故原因分析：

煤气柜内转炉煤气管网一次性压力元件检测点旁实施焊接，地线搭在了煤气管道支架上，距紧急放散控制的一次压力元件安装点不足 20m，且压力检测元件未与煤气管道进行绝缘隔离，焊接设备产生的强电磁干扰信号通过管网进入检测元件信号源内，导致一次元件信号失真，加之计算机输入检测信号电缆为非屏蔽电缆，并且计算机控制系统软件未对信号输入设滤波保护，瞬间产生了大于 14A 的干扰信号，致使放散阀控制系统动作打开了紧急气动快开阀。

【案例十四】某烧结厂煤气中毒事故

事故概述：

2006 年 11 月 05 日某烧结厂烧结作业一区 60m² 烧结机检修接近尾声，按要求组织点火烘炉，18：20 烧结厂通知能源中心煤气救护站人员到现场，对煤气设施进行检测，经检测确认没有泄漏后，组织点火烘炉，当看火工调整助燃风阀门时，发现阀门不能调整，几次出现灭火，将助燃风机关闭，通知点检员张某到现场。因施工方（三冶）没有及时对助燃风阀门进行修复，以及岗位员工没有及时停止点火或烘炉，造成没有充分燃烧的煤气积聚，顺着助燃风管道倒流至助燃风机室内，由于助燃风机室与烧结维修作业区一区电工班和夜班休息室相邻，倒流的煤气从助燃风机室溢出从休息室南侧门进入到室内，大约在 6 日 7：30 左右，煤气大量涌入到休息室内，此时正值交接班时间，导致室内 7 名夜班值班人员和 1 名白班人员不同程度中毒，其中有 3 人中毒程度较深，其他 5 人轻微中毒，中毒较深的 3 人送医院治疗，已全部清醒。

事故原因分析：

直接原因：在 60m² 烧结机助燃风阀门未关，助燃风阀门未及时进行处理的情况下，烧结厂负责烘炉任务的负责人没有果断做出停止烘炉的指令，岗位员工未按操作规程及时的停止烘炉作业，也没有将这一情况通知周边机修厂和其他单位人员，存在严重违章指挥和违章作业行为，这是事故发生的主要原因。

间接原因：机修厂烧结维修作业区一区电工班人员自我防范意识不强，煤气检测仪在 11 月 6 日清晨处于关闭状态，导致室内一氧化碳大量积聚后，没有及时发现撤离，使事故扩大化和严重化。

【案例十五】某炼铁厂煤气中毒事故

事故概述：

2006 年 11 月 25 日 16：30，炼铁项目部工程师白某安排樊某、李某找施工单位人员到现场紧固 2# 热风炉煤气流量孔板螺丝。16：50，李某带领付某与张某到 2# 热风炉三层平台，此时樊某已在三层平台等候，随后施工人员下到二层和三层平台的煤气流量孔板处开始紧固，樊某与李某在三层平台监护。当 2 名施工人员在连续紧了 3 个螺丝之后，张某感到身体不适，与付某说了一下，付某让其上去。之后张某从工作地点往三层平台爬，在此过程中付某也感觉到不适，身体发软蹲在平台上；同时在上面监护的樊某下到流量孔板平台去拉付某没有拉动，李某看到后也去帮忙。这时樊某感到不适，急忙从爬梯往上爬，此时李某也憋不住气，感觉到自己中毒了，也爬上平台，看到樊某已经躺到平台上。同时付某在意志不清的情况下从平台处滚落到下面的煤气支管上后，掉到 2 层平台。随后李某打电话通知白某。这时抢救人员赶到将中毒人员救出，送往医院。

事故原因分析：

(1)炼铁项目部和施工单位人员工作安排上衔接不清，现场监护不到位是此次事件发生的主要原因。

(2)炼铁项目部现场人员布置工作前对施工地点没有进行严格的安全确认和安全交底，是此次事件发生的间接原因。

(3)在热风炉进行用焦炉煤气烘炉前，炼铁项目部相关负责人对煤气管道到切断阀进行打压试验，打压合格。但从切断阀到炉体部分由于当时没有安装完，没有同时进行打压。煤气切断阀在打压后又进行了液压系统的安装，而且没有调式就投入使用，导致煤气切断阀不能可靠切断，是此次事故发生的又一个原因。

(4)炼铁项目部樊某、李某虽经过煤气的相关培训，但在出现人员中毒后，没有采取任何防护措施，盲目进行抢救造成事故扩大。

(5)在炼铁 2# 高炉投产准备会上，生产处已明确指出，在已投入生产的设备上，要严格按照公司的相关制度执行，不准在煤气设施上无证动火。但炼铁厂在现场管理上缺乏有效的监管，使施工单位无证在 2# 热风炉动火。

【案例十六】某公司炼铁厂煤气中毒事故

事故概述：

2007年2月28日零点班起，三座高炉生产顺行，2：00左右生产处总调度室通知3#高炉值班作业长刘某，外网煤气压力高，要求打开调压阀组后煤气放散阀。3#高炉值班作业长通知热风工张某调节煤气放散阀开度，张某将放散阀打开30%左右。5：00，能源中心煤气柜操作工李某发现煤气外网压力已上升到28kPa，于是将炼钢风机房后面放散阀打开，随后向值班调度长纪某汇报，纪某要求如管网压力再升立即报告总调室。6：00，煤气操作工李某再次通知总调室，外网煤气压力已升至35kPa，纪某接电话后，通知炼铁3#高炉热风工张某继续增加放散阀开度，但张某却因忘记而未执行总调度室指令。6：35左右，烧结厂竖炉作业区作业长梁某在科技楼二层值夜班起床后，感觉空气有异味，怀疑楼内有煤气，立即下楼进行确认，发现科技楼西南3#高炉外网煤气管道防爆阀防爆板爆裂，煤气泄漏，于6：40左右通知烧结值班调度吴某。吴某立即通知烧结、竖炉主控室检查是否煤气超标，同时通知炼铁值班调度刘某检查高炉是否有煤气泄漏。6：50左右，炼铁值班调度刘某给吴某回电话：经热风工检查未发现煤气泄漏，并说已让维修工继续检查。7：05左右，炼铁厂取样工潘某到科技楼三层送焦碳样，发现化验员郭某神智不清，另外有人倒在地上，立即给总调度室打电话报告情况，请求立即救人。7：08，总调度室值班调度长纪某接到炼铁化验室电话后意识到是煤气中毒，立即通知煤气防护站煤气防护员、保卫处值班经警到现场救护并通知高炉紧急切气，随后赶赴事故现场组织救援。煤气防护站煤气防护员刘某、朱某接电话后立即携带抢救工具赶赴事故现场，到科技楼门口时看到在门口通风处躺着3个人，马上采取抢救，然后配合其他救援人员逐楼层进行搜救，在四层卫生间门口发现炼铁厂副厂长孙某因煤气中毒晕倒，随即抬下楼进行抢救，并由总调度室安排车辆将孙某和其他中毒人员一起送往华峰医院抢救，孙某经抢救无效死亡，其余中毒人员治疗出院。

事故原因分析：

直接原因：①3#高炉外网煤气管道防爆阀设计防爆膜厚度为1.0mm，

承压100kPa，在使用过程中防爆膜边缘出现了明显点蚀，未及时更换，致使防爆阀防爆膜承压能力不够，在较低压力下爆裂，煤气泄漏，是造成此次事故的主要原因；②炼铁厂热风工张某未执行总调度室要求增加调压阀组后煤气放散开度的总调指令，没有继续调节煤气放散开度，增加了管道压力的积聚升高速度，是造成事故的次要原因。

间接原因：①总调度室烧结值班调度吴某在接到3#高炉外网煤气管道防爆阀防爆板已爆裂，煤气泄漏的报告后，只通知炼铁值班调度刘某对3#高炉是否有煤气泄漏进行检查，却没有按公司有关安全预案规定及时向公司总调度室值班调度长汇报，也没有准确通知相关部门对防爆板进行修复并采取防护措施，致使煤气继续泄漏达20余分钟，是造成此次事故损失扩大的主要原因；②能源中心在轧钢加热炉调节煤气用量致使煤气外网压力升高到30kPa以上达25min，煤气放散调节作用不明显，而后压力突然下降到10kPa以下达20min的长时间内，未履行外网巡查职责及时安排煤气防护人员对管网进行巡查，煤气泄漏点发现不及时，致使煤气长时间外泄，是造成此次事故损失扩大的另一原因。

【案例十七】某钢铁公司第二轧钢厂煤气中毒事故

事故概述：

2008年11月13日16：00，某钢铁公司二轧北车间生产主任召集甲班烧火工、加热炉组长，仪表工，电工，安全员召开了送煤气前的专题会，确定了作业指挥人、责任人、监护人及防范措施，然后进行送煤气前的准备工作。16：30，在操作现场、煤气平台区域外侧布置警戒线，苏生器、空气呼吸器备齐，随后下达指令，进行煤气管道氮气扫线，关闭炉顶放散，进行操作送转炉煤气点火成功。由安全员监护，烧火工上煤气平台检测转炉煤气管道盲板正常，无气体泄漏。16：50，下达引送高炉煤气指令，在仪表室进行操作。当打开盲板到位后不能正常加紧，两名仪表工进入仪表室修复，由于上部蝶阀密封不严，导致煤气泄漏约7~8min。指挥人见盲板不能加紧，于是下达切高炉煤气指令。进入仪表室操作。17：00左右，加热炉组长从仪表室内跑出摔倒，判断室内人员发生煤气中毒，随后召集人员戴好空气呼吸器将两名仪表工从仪表室内救出，将2人抬到通风处，对 2 人进行现场紧急抢救，随后将 2 人送往医院救治。

事故原因分析：

(1)车间主任在送煤气前虽召开了安全专题会，但布置的内容不全面，未能全面辨识分析切送煤气作业所存在的各类事故风险，煤气泄漏后没有及时启动应急预案，现场指挥不当，对后果估计不足，是发生此次事故的主要原因之一。

(2)安全员现场监护不到位，在现场作业人员未佩戴空气呼吸器的情况下，没有及时制止违章作业行为，属严重失职，是发生此次事故的主要原因之二。

(3)仪表工在煤气区域作业未携带煤气检测报警仪，在明知道煤气泄漏的情况下未佩戴空气呼吸器即进入煤气区作业，属严重违章作业，是发生此次事故的主要原因之三。

(4)电动蝶阀关闭后未手动摇紧，违反了公司"电动蝶阀关闭后，必须手动摇紧"的规定，是此次事故的主要原因之四。

(5)仪表操作室设计在煤气平台旁并且密闭，无报警、通风装置，是发生此次事故的次要原因。

【案例十八】山西临汾某钢铁公司"8·24"高炉煤气中毒事故

事故概述：

2009 年 8 月 24 日，山西临汾某钢铁公司 1# 高炉烘炉由 2# 高炉供煤气转为 3# 高炉供煤气，2# 高炉休风以后，3# 高炉煤气管道需打开向 1# 高炉供煤气。在关闭 3# 高炉煤气管道的煤气蝶阀后，打开其后的眼睛阀的作业过程中，4 个作业人员中毒，监护人和赶来救援的值班工长也中毒。其中 3 人死亡，1 人重度中毒。

事故原因分析：

(1)违反冒煤气作业，操作人员应佩戴呼吸器或通风式防毒面具的规定；

(2)眼睛阀没有完全切断，错误地判断煤气管道内没有压力；

(3)作业场所没有逃生及救援通道。

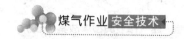

【案例十九】山西襄汾某铁合金厂"9·18"煤气中毒

事故概述：

2009年9月18日强盛铁合金临时停产检修，要检修东烧结阀盖密封箱体盖板等。10：00许高炉休风，16：25后高炉复风，此时烧结平台下阀盖密封箱体内进行焊接作业的3人中毒，1人焊好盖板爬出人孔时中毒，平台检修者立即去关煤气阀门，将阀门关闭后自己晕倒。此次，造成4人死亡，1人轻微中毒。

事故原因分析：

（1）甲班在检修前未按规定关闭煤气阀门，违反安全操作规程进行作业；

（2）乙班接班后没有进行检查确认，安排组织人员进入箱体内违章作业；

（3）在得知已经输送煤气，没有采取关闭煤气阀门、打开放散阀等措施的情况下，未能及时组织撤出人员，导致事故发生；

（4）盲目施救。

【案例二十】盲板阀煤气泄漏事故

事故概述：

2009年9月21日首钢津唐TRT发电现场，煤气盲板阀误动作，造成11名外委施工单位人员集体中毒，经抢救施工单位的11人全部康复。

事故原因分析：

施工单位把煤气眼镜阀的开关信号接反了，造成调试单位误操作，导致煤气泄漏。

【案例二十一】新余某钢铁公司"12·6"中事故

事故概述：

2009年12月6日，某钢铁公司焦化厂2#干熄焦的旋转密封阀出现故障，3名协助处理故障的焦炉当班工人中毒死亡；1人未佩戴呼吸器进行施救，中毒死亡；最终共导致4人死亡、1人受伤。

事故原因分析：

(1)3 名焦炉当班工人在巡检人员还未关闭平板阀门的情况下打开 2#干熄焦旋转密封阀人孔进行故障处理，造成中毒事故，违反该厂有关的规定。

(2)巡检人员在发现 2#干熄焦旋转密封阀人孔打开后未及时采取有效措施。两名巡检人员作为处理故障的主要人员，未切实履行工作职责。

(3)在未佩戴空气呼吸器的情况下冒然进入危险区域，导致事故扩大。

【案例二十二】河北省武安市某公司南平炼钢分厂"1.4"煤气中毒事故

事故概述：

2010 年 1 月 4 日，河北省武安市某公司炼钢分厂的 2#转炉与 1#转炉的煤气管道完成了连接后，未采取可靠的煤气切断措施，使转炉气柜煤气泄漏到 2#转炉系统中，造成正在 2#转炉进行砌炉作业的人员中毒。事故造成21 人死亡、9 人受伤。

事故要点：运行中的 1#转炉煤气回收系统与在建的 2#转炉煤气回收系统共用一个煤气柜；与在建的 2#转炉连通的水封逆止阀、三通阀、电动蝶阀、电动插板阀（眼镜阀）仍处在安装调试状态；1 月 3 日上午，1#转炉停产，为使 2#转炉煤气回收系统与现有系统实现连通，10：30 施工方将 3#风机和 2#风机煤气入柜总管间的起隔断作用的盲板切割出约 500mm × 500mm的方孔时，发生 2 人中毒死亡事故，施工人员随即停工；事故现场处置后，当班维修工封焊 3#风机入柜煤气管道上的人孔，未对盲板上的方孔进行补焊；当班风机房操作工给 3#风机管道 U 形水封进行注水，见溢流口出水后，关闭上水阀门；1 月 3 日下午 1#转炉重新开炉生产；1 月 4 日上午 2#转炉同时进行砌炉作业；1 月 4 日约 10：50，应砌砖人员要求，到炉外提升机小平台取炉砖尺寸的人员突然晕倒，小平台上的 2 名人员去拉没有拉动，并感到头晕，同时意识到是煤气中毒，马上呼救。

事故原因分析：

(1)在 2#转炉回收系统不具备使用条件的情况下，割除煤气管道中的盲板；

(2)U 形水封排水阀门封闭不严，水封失效，导致此次事故的发生；

(3)U 形水封未按图纸施工，未装补水管道，存在事故隐患。

【案例二十三】河北内丘某冶炼公司"1.18"煤气中毒事故

事故概述：

2010年1月18日上午8：30左右，河北某公司的6名检修施工人员进入内丘顺达某冶炼公司2#高炉（440m³）炉缸内搭设脚手架，拆除冷却壁时，造成6名施工人员煤气中毒死亡。

事故原因分析：

（1）停产检修的2#高炉与生产运行的1#高炉未进行可靠的隔断；

（2）2#高炉检修前未对2#高炉净煤气总管的盲板阀（眼镜阀）是否可靠切断进行有效的安全确认；

（3）检修施工人员在进入炉内作业前，未按规定对炉内是否存在煤气等有害气进行检测；

（4）双方未制定检修方案及安全技术措施，均未明确专职安全人员对检修现场进行监护作业。

【案例二十四】广西某钢铁集团"7·28"煤气中毒事故

事故概述：

2011年7月28日20：00左右，广西壮族自治区某钢铁集团有限公司（以下简称贵钢公司）发生煤气泄漏，导致部分民工及附近居民共有114人入院就诊，病情稳定，没有发生中毒者死亡的情况。

7月28日，贵钢公司使用高炉煤气的轧钢厂、炼铁厂烧结车间按计划限电停产，煤气用量减少。18：00，因泥炮机无法正常使用，1080m³高炉采取减风方式生产；18：30左右，高炉加风生产，煤气量加大，造成该公司3台自备余热煤气锅炉因空气与煤气比例失衡全部熄火，电厂组织切断了进电厂煤气，导致煤气总管净煤气压力超过正常压力。18：40，设在轧钢厂的非标准设计的"防爆水封"被击穿，随后轧钢厂组织人员对"防爆水封"进行注水，煤气压力持续超压；19：40左右，"防爆水封"被完全冲开，煤气大量泄漏。20：30左右，煤气停止泄漏。因煤气外泄，导致轧钢厂附近作业人员及居民煤气中毒。

事故原因分析：

（1）贵钢公司未按《炼铁安全规程》要求，设置高炉剩余煤气放散装置，对煤气管网超压没有有效的控制手段。

（2）未履行建设项目安全设施"三同时"手续，即投入生产运营；自行设计安装的轧钢厂煤气"防爆水封"不符合安全要求，且与居民住宅区安全距离不足。

（3）煤气安全管理混乱。在当班调度接到煤气管网超压并造成大量泄漏的报告后，未及时下达对高炉进行减风或休风操作的指令，降低煤气管网压力，造成煤气大量持续泄漏。

（4）未设立煤气防护站，煤气事故报告处理和应急处置预案等制度不完善，责任不落实。

（5）企业管理人员、作业人员煤气安全素质和技能差，缺乏培训。

【案例二十五】某钢铁集团阿城钢铁有限公司煤气中毒

2012 年 1 月 16 日 20：00 许，某钢铁集团阿城钢铁有限公司 1#高炉炉顶装料设备下密截料阀出现卡料故障，炉长胡某向主管生产的副厂长解某报告并请示准予休风，以便进行故障排除。20：03 主控室完成休风指令，胡某派那某等 3 人到炉顶处理卡料，自己在主控室用手动方式开启下料系统，期间，解某赶到主控室，胡某主动要求到炉顶监护其他 3 人排除故障。胡某首先按作业要求打开爆发孔进行点火，因蒸汽量大，30 多分钟仍未完全点燃。在没有安排专人看守，以防熄火的情况下，打开下面人孔处理卡料，致使煤气溢出。21：30 左右胡某用对讲机报告，高炉 29m 平台有 3 人中毒。解某即令热风工单某通知炉前休息室人员，立即前往救援。由于胡某使用的是对讲机联络方式，1#高炉周围的单位和工段部分人员听到高炉有人中毒的报告后，自发赶往事故现场并开展救援工作。救援人员拥挤在高炉狭窄的走梯上，尽管将胡某等先期中毒的 4 名人员及时解救，但多名参与救援的人员不同程度中毒，其中 1 名救护人员死亡。

事故原因分析：

维修人员违章作业是导致此次事故的直接原因。根据《高炉煤气安全规程》规定，在处理卡料故障时，应该休风并炉顶点火，必须在炉内煤气燃烧后测试一氧化碳和氧气含量，当符合要求时方可进行故障处理。但当时由于蒸汽较大，30min 未完全点燃煤气，维修人员在未点燃煤气的情况下，同时打开爆破孔和下密人孔，致使煤气由爆破孔和下密人孔逸出，造成3名维修人员中毒。

违章指挥、盲目施救是导致此次事故发生的另一直接原因。根据有关规定，发生煤气事故应由专业的抢险抢修队伍负责，抢险救援组负责抢险救援，警戒组负责警戒、撤离、疏通抢险通道，阻止无关人员进入，避免事故损失进一步扩大。事故发生后，现场指挥人员没有按要求立即启动《预案》，通知专业抢险队伍进行应急救援，组织不当，无序施救，导致事故后果扩大。另外，作业人员安全意识淡薄，麻痹大意，没有正确佩带和使用个体防护器具；维修人员冒险作业；炼钢厂主管领导在组织对原料仓下密截料阀出现卡料故障进行处理时，安全措施不得力，监护指挥不到位；没有经过煤气安全训练和有一定的安全技能、会使用煤气防护用具的煤气防护人员在场监护，未配戴合理的救护设施，监护不严，现场监护人员未起到监护作用；没有现场处置预案；现场人员遇事故缺乏冷静，听到有人中毒后，不分职责，立即投入抢救，在抢救过程中，面对高浓度的煤气，听到检测仪的报警声，未采取任何有效的安全措施，不戴任何防护器具即上去救人，顾此失彼，自己违章造成中毒；没有按规定配备氧含量检测仪等也是造成此次事故的间接原因。

【案例二十六】某炼铁厂煤气中毒事故

事故概述：

某炼铁厂乙班炉前工孙某与李某在3#高炉人工开上渣口，休息时孙某到11#风口弯管处取暖时煤气中毒，后经煤气防护站现场紧急抢救脱离危险，并送市人民医院进行康复治疗。

事故原因分析：

(1)事故的主要原因是炉前工孙某严重违反煤气安全操作规程(第五条第五款"煤气区域严禁逗留、休息、睡觉和烟火")和安全意识淡薄。

(2)炼铁厂在休风期间，安全措施的落实和现场安全确认不到位，是发生这起煤气中毒事故的另一个原因。

(3)炼铁厂在安全管理方面存在漏洞，员工的联保、互保制度没有认真的落实和执行。

【案例二十七】动火焊接净煤气管道发生爆炸

事故概述：

某钢铁厂在高炉热风炉净煤气管道上动火焊接。上午动火，已经发现管道内有煤气，下午又试验2次，仍然着火，就将管道上的1m手动阀门关上，又将1m电动阀门关上，但没有全部关上。管道上的3个直径100mm放散管全部打开，15min后，认为煤气处里干净，就第五次动火，发生爆炸，炸毁管道等设备。

事故原因分析：

不懂在煤气设备上动火的基本常识，要动火，停止运行的管道与运行管道间，不堵盲板而靠阀门切断，势必使煤气串入停止运行的管道中；发现着火，明知有煤气，而不认真处理煤气，放散管打开后，管道中吸进空气，形成爆炸性混合气体，结果，在第五次动火时发生爆炸。

【案例二十八】$\phi2420$mm 煤气管道爆炸

事故概述：

某钢铁公司 $\phi2420$mm 高压混合管道上水槽，带病运行，没有给水管，经常窜煤气，所以就把阀门关上了。需换新水槽，还没等新水槽做好，只过了一个多星期，管道即由于负荷过重而塌下，9：40 左右管道断落。现场一片混乱，到下午才堵盲板，管线班打开了管道最高点的人孔，进行自然通风。约10min 左右，抢修大军各路人马开会动员准备，有少数人正在塌落管道下面垫枕木，随之产生了前所未有的大爆炸。爆炸后，一人当场死亡，几十人受重伤，致残多人，有一电工瘫痪多年后死亡，有的腿断、腰伤、耳聋。与 $\phi2420$mmm 管并行的 $\phi325$mm 的焦炉煤气罐、蒸汽管、空气管和氧气管全部炸坏；管道爆炸余波，使管道纵向滑动约 100mm；$\phi2420$ 管上安的预留头上盲板气浪抛出飞过钢厂厂房，落到铁道枕木上；爆炸点1块约3m长的半边管皮飞出过高跨落到碎铁厂；1块 $1m^2$ 左右的铁板炸飞。

事故原因分析：

水槽有问题没有及时处理，关上后放水检查又不及时，里面存水过多，有 400~900mm 深；煤气管道施工质量不高，焊接太差，从爆炸后的焊接口看，有的地方仅有 2~3mm 焊肉；管道运行 12 年，内外呈现严重腐蚀现象；2 支架间距跨达 35m 远；支架下沉，此处原是水泡子渣地，是用回填土垫起来的；板轧厂九点钟减量，致使 $\phi2420mm$ 管道管壁仅有 6mm，再加上焊接质量差，基础下沉积水和高压的串动和附加管的重荷下，失去平衡而下塌断落。

附录一：煤气作业人员安全技术培训大纲和考核标准

一、范围

本标准规定了冶金（有色）煤气作业人员的基本条件、安全技术培训（以下简称培训）大纲和安全技术考核（以下简称考核）要求。

二、规范性引用文件

下列文件中的条款通过本标准的引用而成为本标准的条款。凡是注明日期的引用文件，其随后所有的修改单（不包括错误的内容）或修改版，均不适用于本标准。然而，鼓励根据本标准达成协议的各方研究是否使用这些文件的最新版本。凡是不注明日期的引用文件，其最新版本适用于本标准。

《工业企业煤气安全规程》（GB 6222—2005）

《国家安全监管总局关于印发进一步加强冶金企业煤气安全技术管理有关规定的通知》（安监总管四(2010)125 号）

三、术语和定义

下列术语和定义适用于本标准

（一）冶金（有色）煤气作业人员 gas operator in metallurgical industry

指冶金（有色）企业内从事煤气生产、储存、输送、使用、维护检修等作业的专职人员。

四、基本条件

（1）年满18周岁，且不超过国家法定退休年龄；

（2）经社区或者县级以上医疗机构体检健康合格，并无妨碍从事相应特种作业的器质性心脏病、癫痫病、美尼尔氏症、眩晕症、癔病、震颤麻痹症、精神病、痴呆症以及其他疾病和生理缺陷；

（3）具有初中及以上文化程度；

（4）必须经专门的安全技术培训并考核合格，持特种作业操作证方能上岗作业。

五、培训大纲

（一）培训要求

（1）按照《特种作业人员安全技术培训考核管理规定》，每3年复审1次。

（2）培训应坚持理论与实际相结合，侧重实际操作技能训练；应注意对冶金（有色）煤气作业人员进行道德、安全法律意识、安全技术知识的教育。

（3）通过培训，冶金（有色）煤气作业人员应掌握安全技术知识（包括安全基本知识、安全技术知识）和实际操作技能。

（二）培训内容

1. 安全基本知识

（1）安全生产法律法规与煤气安全管理。主要包括以下内容：
①我国安全生产方针；
②有关煤气安全生产法规；
③煤气安全生产管理制度；
④劳动保护相关知识。

（2）煤气安全生产知识与主要事故防治。主要包括以下内容：
①煤气及相关知识；
②煤气主要事故的预防，包括：煤气泄漏、煤气中毒、着火、爆炸事故等；
③煤气安全防护仪器的使用与维护；
④煤气检测与监控。

2. 安全技术基础知识

(1)煤气生产、回收与净化安全技术。主要包括以下内容：

①发生炉煤气生产与净化生产工艺，设备结构，煤气性质；

②高炉煤气回收与净化生产工艺，设备结构，煤气性质；

③焦炉煤气回收与净化生产工艺，设备结构，煤气性质；

④转炉煤气回收与净化生产工艺，设备结构，煤气性质；

⑤铁合金炉煤气回收与净化生产工艺，设备结构，煤气性质。

(2)煤气管道的结构与施工。主要包括以下内容：

①管道敷设；

②管道防腐；

③管道试验。

(3)煤气设备与管道附属装置。

(4)煤气加压站与混合站内设施。

(5)煤气柜。主要包括以下内容：

①干式煤气柜设施结构，安全生产监控系统运行；

②湿式煤气柜设施结构，安全生产监控系统运行。

3. 实际操作技能

(1)煤气设备与管道附属装置操作。主要包括以下内容：

①燃烧装置操作；

②隔断装置与可靠隔断装置操作；

③放散装置：吹扫煤气放散管、剩余煤气放散管的安全操作；

④冷凝物排水器的安全操作；

⑤蒸汽管、氮(氩)气管的安全运行；

⑥补偿器的安全操作；

⑦泄爆膜的安全操作；

⑧人孔、手孔及检查管的安全管理及运行；

⑨各种气密性试验。

(2)煤气设施的操作与检修。主要包括以下内容：

①煤气设施运行：发生炉煤气生产、高炉煤气煤气回收、转炉煤气回收、焦炉煤气净化回收、铁合金炉煤气净化回收、煤气加压与混合、煤气点火燃烧等操作；

②煤气设施的检修：停煤气检修、进入煤气设备内部工作、带煤气作

业、煤气设备上动火的安全操作及运行。

4. 煤气事故应急救援

（1）煤气事故处理。主要包括以下内容：

①煤气中毒者的抢救；

②煤气着火事故的处理；

③煤气爆炸事故的处理；

④各类灭火装置的使用。

（2）煤气防护救助设备安全操作及演练。主要包括以下内容：

①氧气充装；

②呼吸器、通风式防毒面具的使用；

③充填装置的使用；

④CO 报警器（便携式和固定式）、氧含量检测器的使用、维护保养；

⑤自动苏生器的使用；

⑥隔离式自救器的使用；

⑦各种有毒气体分析仪的使用；

⑧防爆测定仪的使用。

（三）复审培训内容

（1）有关安全生产法律、法规、国家标准、行业标准、规程、规范。

（2）有关冶金（有色）安全生产新技术、新工艺、新装备知识。

（3）典型事故案例分析。

（四）培训学时安排

（1）培训时间应不少于 94 学时，具体培训学时间宜符合表 1 的规定。

（2）复审培训时间应不少于 8 学时，具体培训时间宜符合表 2 的规定。

六、考核标准

（一）考核办法

1. 考核的分类和范围

（1）冶金（有色）煤气作业人员的考核分为安全技术知识（包括安全基本知识、安全技术基础知识）和实际操作技能考核两部分；

（2）冶金（有色）煤气作业人员的考核范围应符合本标准第六条第（二）项的规定。

2. 考核方式

(1)安全技术知识的考核方式可为笔试、计算机考试。满分为 100 分。考试时间为 90min。

(2)实际操作技能考核方式应为实际操作为主，也可采用满足第六条第(二)项中 3. 要求的模拟操作或口试。满分为 100 分。

(3)安全技术知识、实际操作技能考核成绩均 60 分以上者为考核合格。两部分考核均合格者为考核合格。考核不合格者允许补考一次。

3. 考核内容的层次和比重

(1)安全技术知识考核内容分为了解、掌握和熟练掌握三个层次，按 20%、30%、50% 的比重进行考核。

(2)实际操作技能考核内容分为掌握和熟练掌握两个层次，按 30%、70% 的比重进行考核。

(二)考核要点

1. 安全基本知识

(1)安全生产法律法规与煤气安全管理制度。主要包括以下内容：

①了解我国安全生产方针；

②了解有关煤气安全生产法规和安全生产管理制度；

③掌握劳动保护相关知识。

(2)煤气安全生产知识与主要事故防治。主要包括以下内容：

①了解煤气及相关知识；

②了解煤气主要事故的预防知识，包括：煤气泄漏、煤气中毒、着火、爆炸事故等；

③煤气安全防护仪器的使用与维护知识；

④煤气检测与监控。

2. 安全技术基础知识

(1)煤气生产、回收与净化安全技术。主要包括以下内容：

①了解发生炉煤气生产与净化生产工艺，设备结构，煤气性质；

②了解高炉煤气回收与净化生产工艺，设备结构，煤气性质；

③了解焦炉煤气回收与净化生产工艺，设备结构，煤气性质；

④了解转炉煤气回收与净化生产工艺，设备结构，煤气性质；

⑤了解铁合金炉煤气回收与净化生产工艺，设备结构，煤气性质。

(2)煤气管道(含天然气管道)的结构与施工。主要包括以下内容：

①了解管道敷设方法；

②了解管道防腐方法；

③了解管道试验方法。

(3)煤气设备与管道附属装置。掌握煤气设备与管道附属装置的名称、用途和安全操作技术。

(4)煤气加压站与混合站内设施。了解煤气加压站与混合站内设施名称、用途和安全操作技术。

(5)煤气柜。主要包括以下内容：

①了解干式煤气柜设施结构，掌握安全生产监控系统运行；

②了解湿式煤气柜设施结构，掌握安全生产监控系统运行。

3. 实际操作技能

(1)煤气设备与管道附属装置操作主要包括以下内容：

①掌握燃烧装置操作技能；

②掌握冷凝物排水器的安全操作技能；

③掌握蒸汽管、氮(氦)气管的安全运行技能；

④掌握补偿器的安全操作技能；

⑤掌握泄爆膜的安全操作技能；

⑥掌握人孔、手孔及检查管的安全管理及运行技能；

⑦熟练掌握隔断装置与可靠隔断装置操作；

⑧熟练掌握放散装置：包括吹扫煤气放散管、剩余煤气放散管的安全操作技能；

⑨熟练掌握各种气密性检验试验技能。

(2)煤气设施的操作与检修。主要包括以下内容：

①掌握煤气设施运行操作要求，包括发生炉煤气生产、高炉煤气煤气回收、转炉煤气回收、焦炉煤气净化回收、铁合金炉煤气净化回收、煤气加压与混合、煤气点火燃烧等操作；

②掌握煤气设施的检修操作要求，包括停煤气检修、进入煤气设备内部工作、带煤气作业、煤气设备上动火的安全操作及运行。

（3）煤气事故处理。主要包括以下内容：

①掌握煤气着火事故处理技能；

②掌握煤气爆炸事故处理技能；

③熟练掌握煤气中毒者的抢救技能；

④熟练掌握各类灭火装置的使用。

（4）煤气防护救助设备的安全操作及演练。主要包括以下内容：

①掌握充填装置操作技能；

②掌握 CO 报警器（便携式和固定式）、氧含量检测器的使用、维护保养；

③掌握隔离式自救器操作技能；

④掌握各种有毒气体分析仪操作技能；

⑤掌握防爆测定仪操作技能；

⑥熟练掌握自动苏生器操作技能；

⑦熟练掌握氧气充装方法；

⑧熟练掌握呼吸器、通风式防毒面具操作技能。

（三）复审培训考核要点

（1）掌握有关安全生产法律、法规、国家标准、行业标准、规程、规范。

（2）掌握有关冶金（有色）安全生产新技术、新工艺、新装备知识。

（3）掌握典型事故案例分析方法及事故防范措施。

表1　煤气作业人员安全技术培训学时安排

项　目		培 训 内 容	学时
安全技术知识 （64 学时）	安全基本知识 （20 学时）	中华人民共和国安全生产法	2
		工业企业煤气安全规程	8
		关于进一步加强冶金企业煤气安全技术管理的有关规定	2
		特种作业人员安全技术培训考核管理规定	2
		动火作业安全制度	2
		工业企业卫生标准及劳动保护	2
		自救、互救、创伤急救	2

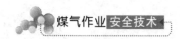
续表

项　目		培　训　内　容	学时
安全技术知识 （64 学时）	全技术基础知识 （40 学时）	煤气生产、回收与净化安全技术	8
		煤气管道（含天然气管道）的结构与施工	4
		煤气设备与管道附属装置	8
		煤气加压站与混合站内设施	4
		煤气柜	6
		典型事故案例分析	6
		演示参观	4
	复习		2
	考试		2
实际操作技能 （30 学时）		煤气设备与管道附属装置操作	6
		煤气设施的操作与检修	8
		煤气事故处理	6
		煤气防护救助设备的安全操作及演练	6
		复习	2
		考试	2
合　计			94

表2　煤气作业人员复审培训学时安排

项　目	培　训　内　容	学　时
复审培训	有关安全生产法律、法规、国家标准、行业标准、规程、规范	不少于 8 学时
	有关冶金（有色）安全生产新技术、新工艺、新装备知识	
	典型事故案例分析	
	复习	
	考试	
合　计		

附录二：煤气事故应急救援
预案的编制（模版）

一、主要依据

中华人民共和国安全生产法

中华人民共和国职业病防治法

中华人民共和国消防法

危险化学品安全管理条例（国务院令第 591 号）

国务院关于特大安全事故行政责任追究的规定（国务院令第 302 号）

《生产安全事故应急预案管理办法》国家安全生产监督管理总局令
[2009]第 17 号

AQ/T 9002—2006《生产经营单位安全生产事故应急预案编制导则》

GB 6222—2005《工业企业煤气安全规程》

二、指导思想和原则

明确职责，针对可能发生的事故，做到安全第一，预防为主；有组织做好应急工作，保护员工的安全与健康，将事故损失和对社会的危害减至最小。

三、单位概况

四、主要事故类型、危害因素分析和应急救援措施

(一)煤气事故

1. 事故类型

煤气泄漏、中毒、着火、爆炸事故等。

2. 危害因素分析

(1)煤气泄漏,一氧化碳中毒;

(2)煤气着火烧伤;

(3)爆炸造成物体坠落砸伤、煤气管网和储存设备设施损坏及其他二次伤害等。

3. 应急救援措施

1)煤气事故现场应急处理

(1)发生煤气大量泄漏、着火、爆炸、中毒等事故时,发生事故区域的岗位人员立即汇报给生产调度部门和负责人,发生着火事故岗位人员应立即拨打火警电话报警,报出着火地点、着火介质、火势情况等,同时迅速汇报给生产调度部门和负责人,组织义务消防队员到现场灭火,并派专人引导消防车到现场灭火。

(2)生产调度部门接到煤气事故的报告后,应立即通知相关人员采取应急措施,设置安全标识牌、警戒线,进行煤气事故现场的紧急疏散等。并根据现场煤气事故的严重程度,及时通知相关部门,对现场进行戒严和救护。

(3)生产调度部门负责人立即组织成立应急领导小组,抢救事故的所有人员都必须服从统一领导和指挥。

(4)事故现场应划出危险区域,由保卫部门负责协调组织布置岗哨,阻止非抢救人员进入。进入煤气危险区域的抢救人员必须佩戴空气呼吸器,严禁用纱布口罩或其他不适合防止煤气中毒的器具。

(5)煤气大面积泄漏时,应立即设立警戒范围,所有人员依据"逆风(煤气)而逃"的原则,迅速疏散到安全地带,防止中毒人员扩大。

(6)未查明事故原因和采取必要安全措施,不得向煤气设施恢复送气。

2)煤气泄漏的应急处理

(1)燃气区域内发现煤气泄漏后,岗位人员应立即向燃气调度部门汇报。

(2)燃气调度部门接到煤气泄漏的通知后,应立即通知相关人员采取应急措施。根据现场煤气泄漏的严重程度,应及时通知相关部门,对现场进行戒严和救护。

(3)相关部门在接到调度通知后，应立即赶赴现场，由生产、设备、安环、保卫和相关生产车间(装置)共同协商处理煤气漏点，在确保安全的前提下，用最短的时间予以恢复，减少对生产造成的损失。同时，把因煤气泄漏对环境造成的污染降到最低。

(4)少量的煤气泄漏，进行修理时可以采用堵缝(用堵漏胶剂、木塞)或者打补的方法来实现；如果是为螺栓打补而钻孔，可以采用手动钻或压缩空气钻床；如果补丁需要焊接，那么在焊补前必须设法阻止漏气。大量煤气泄漏且修理难度较大的情况下，应预先分步详细讨论并制定缜密方案，采取停煤气处理后进行整体包焊或设计制作煤气堵漏专用夹具进行整体包扎的方法。

(5)在进行上述修理操作前，必须对泄漏部位进行检查确认，一般采取用铜制或木质工具轻敲的办法，查看泄漏点的形状和大小，检查泄漏部位(设备外壳或者管壁)是否适合于不停产焊补和粘接，检查人应富有实践经验并必须佩戴呼吸器或其他防毒器具。

(6)如果堵漏工作需要停煤气方可进行，生产调度部门应根据煤气泄漏区域、管线、设备的损坏程度，根据实际情况和制定的堵漏方案联系协调该管线系统的停运工作，并组织实施煤气处理、置换方案。

(7)发生煤气泄漏后，由到场的行政级别最高者任现场指挥，由煤气防护站和安环部门取煤气泄漏区域周围空间空气样做 CO 含量分析，根据测定的 CO 含量结果，当 CO 含量超过 $50mg/m^3$(40ppm)时，需保卫部门与公安消防一起进行人员的疏散或戒严，由安环和有关部门协助险区内人员的撤离、布岗，疏通抢险通道。

(8)进入煤气泄漏区域工作按照如下标准进行：在煤气场所工作的安全许可时间：

CO 含量不超过 $30mg/m^3$(24ppm)时，可较长时间工作。

CO 含量不超过 $50mg/m^3$(40ppm)时，连续工作时间不得超过 1h。

CO 含量不超过 $100mg/m^3$(80ppm)时，连续工作时间不得超过 0.5h。

CO 含量不超过 $200mg/m^3$(160ppm)时，连续工作时间不超过 15~20min。

工作人员每次进入煤气泄漏区域工作的时间间隔至少在 2h 以上。

(9)带煤气作业的要求：带煤气作业时应采取防护措施，应有煤气防护站人员在场监护,并有生产厂专人监护。按照煤气场所工作的安全标准,靠近煤气泄漏部位或进行带煤气操作的人员必须佩戴空气呼吸器或其他防毒器具,负责监护的人员不得随意离开现场。

煤气泄漏现场应划出危险区域,布置岗哨进行警戒,距煤气泄漏现场40m内,禁止有火源并应采取防止着火的措施,配备足够的灭火器具、降温器材(如黄泥、湿麻袋等),有风力吹向的下风侧,应根据实际情况延长禁区范围。与带煤气堵漏工作无关的人员必须离开现场40m外。

带煤气作业所采用的工具必须是不发火星的工具,如:木质、铜制工具或涂有一厚层润滑油、甘油的钢制工具。

带煤气作业不宜在雷、雨天气、低气压、雾天进行。

工作场所应备有必要的联系信号、煤气压力表及风向标志等。

距作业点10m以外才可安设投光器。

不得在具有高温源的炉窑和建、构筑物内进行煤气作业,如需作业,必须采取可靠的安全措施。

精神不佳,身体不好,不懂煤气知识,技术不熟练者不得参加带煤气操作。

带煤气作业不准穿钉子鞋,携带火种、打火机等引火物品。

进行带煤气作业时应对现场作业地点的平台、斜梯、围栏等安全防护设施进行检查确认,预先设置好安全逃生通道。

凡是在室内或设备内进行的带煤气作业,必须降低或维持压力,减少煤气泄漏量,尽最大努力减少CO含量。室内带煤气作业应打开门窗使空气对流,所采用的排风设备必须为防爆型式,室内外严禁火源及高温。

3)着火事故应急处理

(1)发生煤气着火后,岗位人员应立即拨打火警电话报警,报出着火地点、着火介质、火势情况等,同时迅速汇报生产调度部门和负责人,组织义务消防队员到现场灭火,并派专人引导消防车到现场灭火。

(2)如果煤气着火后伤及人身,当班调度人员应迅速通知煤气防护站、医院、消防队及时赶赴现场救人。

(3)事故现场由保卫部门负责配合消防队设立警戒线,由安环科等部门协助险区内人员的撤离、布岗,疏通抢险通道。

（4）由生产负责人根据煤气着火的现场情况和施工抢险方案来决定是否需停煤气处理，并迅速做相应安排。

（5）使用湿草（麻）袋、黄泥、专用灭火器灭火，涉及或危及电器着火，应立即切断电源。

（6）若煤气着火导致设备烧红，应逐步喷水降温，切忌大量喷水骤然冷却，以防设备变形，加大恢复难度，遗留后患。

（7）煤气设施着火时，应逐渐降低煤气压力，通入大量蒸汽或氮气，设施内煤气压力最低不得低于100Pa，严禁突然关闭煤气阀门，以防回火爆炸。

（8）直径小于或等于100mm的煤气管道着火，可直接关闭煤气阀门，轻微着火可用湿麻袋或黄泥堵住火口灭火。

（9）事故发生后，煤气隔断装置、压力表或蒸汽、氮气接头应安排专人控制操作。

（10）未查明原因前，严禁送煤气恢复正常生产。

4）煤气爆炸事故应急处理

（1）应立即通知调度室及相关单位，生产负责人立即组织成立应急领导小组，发生煤气爆炸事故后，部分设施破坏，大量煤气泄漏可能发生煤气中毒，着火事故或产生二次爆炸，这时应立即切断煤气来源，迅速将残余煤气处理干净，如因爆炸引起着火应按着火应急处理，事故区域严禁通行，以防煤气中毒，如有人员煤气中毒时按煤气中毒组织处理。

（2）事故现场由生产负责人负责组织临时抢险指挥机构，由现场最高行政负责人担任指挥，指挥机构设在便于观察和指挥的安全区域，以调度室为信息枢纽，始终保持应急抢险内、外通信联系。

（3）煤气爆炸事故发生后的第一任务是救人，发生煤气爆炸后，发现人员应迅速拨打火警119，煤气防护站，医院，120前来救人。同时报告生产调度部门，并由生产调度部门负责信息的传递。

（4）事故现场由保卫部门负责配合消防队设立警戒线，由安环部门、办公室协助险区内人员的撤离、布岗，疏通抢险通道。

（5）发生煤气爆炸事故后，一般是煤气设备被炸损坏，冒煤气或冒出的煤气产生着火，因此煤气爆炸事故发生后，可能发生煤气中毒、着火事故，或者发生二次爆炸，所以发生煤气爆炸事故后应立即采取措施。

应立即切断煤气来源，同时立即通知后续工序。并迅速充入氮气、蒸汽等惰性气体把煤气处理干净。

对出事地点严加警戒，绝对禁止通行。

在爆炸地点40m内禁止火源，以防事故的蔓延和重复发生，如果在风向的下风侧，范围应适当扩大和延长。

迅速查明爆炸原因，在未查明原因之前，绝不允许送煤气。

组织人员抢修，尽快恢复正常生产。

(6)根据煤气爆炸的现场情况，由机动设备部门立即组织相关单位商讨抢救和设备修复方案，生产调度部门安排好生产协调工作，各部门共同协作，积极抢修，争取以最快速度、最大程度地消除危险因素、降低环境污染。

(7)发生煤气爆炸事故后，煤气隔断装置、压力表或蒸汽、氮气接头应安排专人控制操作。

5)煤气中毒的现场应急处理

(1)发生煤气中毒事故区域的有关人员，立即通知调度室及有关单位并进行现场急救(进入煤气区域，必须佩戴呼吸器，未有防护措施，严禁进入煤气泄漏区域、严禁用纱布口罩或其他不适合防止煤气中毒的器具)。

(2)值班调度接现场报告后，立即通知各相关部门和人员迅速赶往事故现场，同时应立即报告生产、安环、煤气防护站和医院，报告事发现场详细地点、行车路线，快速抢救中毒人员。

(3)生产负责人到达现场后，立即成立临时性机构，指挥机构设在上风侧便于观察和指挥的安全区域，通讯联系以调度室为信息枢纽。

(4)中毒区域岗位负责人清点本岗位人数。

(5)现场指挥人员负责组织查明泄漏点及泄漏原因，并对泄漏点进行处理。

(6)中毒人员的抢救。

①设备泄漏，引起人员轻微煤气中毒：

煤气岗位因设备泄漏，引发人员轻微煤气中毒，中毒者可自行或在他人帮助下先尽快离开室内到空气新鲜处，喝热浓茶，促进血液循环，或在他人护送下到煤气防护站或医院吸氧，消除症状。

在做好轻度中毒者保护性措施后，其他值班人员应迅速全开轴流风机，排空室内泄漏煤气，然后用便携式 CO 报警仪确定煤气泄漏部位，通知本单位领导，由领导负责安排设备泄漏点的处理。

②煤气容器设备内检修作业时人员轻微煤气中毒：

轻度中毒者应在他人保护下撤出煤气容器设备，到空气新鲜处，或在他人护送下到煤气防护站或医院吸氧，消除症状。

在保护轻度中毒者撤出煤气容器设备的同时，其他参与作业的人员应同时撤出作业容器。由安全监护人员监测煤气容器内一氧化碳浓度，确定是否需要重新进行处理和是否需要佩戴空气呼吸器重新投入作业。

③作业现场发生人员中、重度煤气中毒：

由作业现场安全员负责配合医院或煤气防护人员将中毒人员迅速脱离作业现场，至通风干燥处，由医院或煤气防护站工作人员进行紧急救护。

若因大量煤气泄漏引发煤气中毒事故，应急小组在指挥对中毒人员抢救的同时还应迅速指挥切断煤气来源，修复泄漏设备，尽可能减少泄漏煤气对大气环境的污染。

中毒者已停止呼吸，应在现场立即做人工呼吸，同时报告煤气防护站和医院赶到现场抢救。

中毒者未恢复知觉前，不得用急救车送往较远医院急救。就近送往医院时，在途中应采取有效的急救措施，并应有医务人员护送。

五、应急救援组织指挥机构

(一)应急指挥部的组成

由厂长(经理)、副厂长(副经理)、厂长(经理)助理，生产、安环、机动、保卫、工会及办公室、相关车间(装置)负责人组成应急救援指挥部。生产调度部门是应急救援指挥部的常设机构。

(二)指挥中心

生产调度室(视发生事故的地点及情况定)。

指挥小组组长：调度主任、生产负责人[厂(公司)领导赶到现场后任组长]。

指挥中心电话：

（三）指挥人员

分管副厂长（副经理），负责应急救援的组织及救护。

办公电话： 手机：

生产负责人（调度长），负责应急救援的组织及协调。

办公电话： 手机：

（四）相关部门

1. 生产调度部门

1）负责人

办公电话： 手机：

2）职责

（1）负责成立事故应急处理小组。

（2）以调度室为信息枢纽，负责对内、对外联系，协调人员、车辆。

（3）负责组织事故现场的应急处理。

（4）负责组织人员清理事故现场，恢复生产。

（5）负责煤气泄漏、着火、爆炸等事故应急预案与响应计划的演习及文件的修订。

2. 安环

1）负责人

办公电话： 手机：

2）职责

（1）负责组织对伤员进行急救。

（2）负责组织协调煤气防护站对煤气中毒人员的现场抢救；配合医务部门将伤者送往医院。

（3）负责中毒事故应急预案与响应计划的演习及文件的修订。

3. 保卫

1）负责人

办公电话： 手机：

2）职责

（1）发生事故现场的警戒和治安保卫协调管理工作。

（2）负责消防着火事故应急预案与响应计划的演习及文件的修订。

4. 机动

职责：

（1）发生事故后，协助有关人员处理水、电、风、气。

（2）负责组织人员查明设备、设施损坏情况，组织人员抢修，恢复生产条件。

（3）负责相关材料、物资的协调。

5. 综合办

负责人

办公电话：　　　　　　　手机：

职责：负责组织事故应急计划的培训，必要时配合医务部门将伤者送往医院。

（五）应急服务部门及联系电话

急救中心：120（社会）

火警：119（社会）

报警服务：110（社会）

生产调度部门：

安全环保：（煤气防护站）

（六）应急救援组织

煤气泄漏、中毒、着火、爆炸事故以及其他事故应急救援组织：由生产、安环、保卫、机动、办公室、车间（装置）及其他相关单位人员组成。

六、事故报告和现场保护

事故发生后，现场人员立即汇报生产调度部门，简要汇报事故发生的地点、原因、人员伤亡情况、着火类别和火势情况，生产调度部门立即向相关领导、有关科室报告。

各单位接到事故报告后，立即赶赴现场组织抢救伤员和保护财产，采取措施防止事故扩大。在进行抢救工作时应注意保护事故现场，防止无关人员进入危险区域，保障整个应急处理过程的有序进行；未经主管部门允许，事故现场不得清理。因抢险救护必须移动现场物件时，要做好标记，移动前妥善保留影像资料。

发生单位能够控制事故时，积极采取必要的措施防止事故扩大。

七、应急救援物资储备

着火应急设备清单。

八、应急救援预案的演习

九、应急救援预案的培训

十、应急救援预案的编制、批准

参考文献

[1]魏萍，程振南．煤气作业人员安全技术培训教材[M]．北京：中国建材工业出版社，1999.

[2]朱兆华，徐丙根，王中坚．典型事故技术评析[M]．北京：化学工业出版社，2007.

[3]谢全安，田庆来，杨庆彬．煤气安全防护技术(中等职业学校教材)[M]．北京：化学工业出版社，2007.

[4]高建业．焦炉煤气净化操作技术[M]．北京：冶金工业出版社，2009.

[5]朱兆华，徐丙根，沈振国．危险化学品从业人员安全生产培训读本[M]．北京：化学工业出版社，2009.

[6]谢全安．煤气安全防护技术[M]．北京：化学工业出版社，2010.

[7]《全国特种作业人员安全技术培训考核统编教材》编委会编著．冶金行业煤气安全作业[M]．北京：气象出版社，2011.

[8]国家安监总局宣教中心编写．冶金有色煤气作业操作资格培训教材[M]．团结出版社，2011.

[9]刘彦伟，朱兆华，徐丙根．化工安全技术[M]．北京：化学工业出版社，2011.